仕事の効率が劇的にアップする

AutoCAD/AutoCAD LT

機械製図 実践 講座

内山 浩 [著]
UCHIYAMA HIROSHI

技術評論社

■サンプルファイルのダウンロード

　本書で使用している「複合アイコン」を一覧表にしたサンプルファイルを以下の URL からダウンロードできます。

https://gihyo.jp/book/2019/978-4-297-10486-3

■『ご注意』ご購入・ご利用の前に必ずお読みください

　本書に記載された内容は、情報の提供のみを目的としています。したがって、本書を参考にした運用は、必ずご自身の責任と判断において行ってください。本書の運用の結果、いかなる障害が発生しても、技術評論社および著者はいかなる責任も負いません。

　本書に記載されている情報は、特に断りが無い限り、2019年2月時点での情報に基づいています。ご利用時には変更されている場合がありますので、ご注意ください。

　本書は、著作権法上の保護を受けています。本書の一部あるいは全部について、いかなる方法においても無断で複写、複製することは禁じられています。

　本書で掲載している操作画面は、特に断りが無い場合は、Windows 10 上で AutoCAD 2019 ／ AutoCAD LT 2019 を使用した場合のものです。また、本書の内容は、ブロック機能の使える AutoCAD/AutoCAD LT 2004 以降に対応していますが、使用しているバージョンによって、画面などが掲載内容と異なる場合があります。

　以上の注意事項をご承諾いただいた上で、本書をご利用願います。これらの注意事項をお読みいただかずにお問い合わせいただいても、技術評論社および著者は対処しかねます。あらかじめご承知おきください。

● Autodesk、AutoCAD、AutoCAD LT は、米国 Autodesk 社の登録商標または商標です。
● その他、本書に掲載されている会社名、製品名などは、それぞれ各社の商標、登録商標、商品名です。なお、本文中に ™ マーク、® マークは明記しておりません。

はじめに

　現在の CAD ソフトは、ソフト開発が先行しそれに伴って、作図技術が置き去りになっている感があります。今後の CAD ソフトは、ソフトにコントロールされるのではなく、技術とバランスのとれた対応がソフトを最大限に生かすことにもなると考えられます。AutoCAD は、世界中で約 5000 万人以上が利用しているともいわれています。この現状を踏まえて、AutoCAD ソフトを用いることにしました。

　CAD が一般的に用いられて約 30 年以上が経過している中、現在の CAD 製図法は、どちらかと言うとやり方がバラバラな所があり、それぞれに色々な問題も生じているのが現状です。本書は、まず原点に立ち返って稼働率向上を目的として取り組みました。はじめは、今までにいろいろな立場の人達が作図した手法を実際にやって、私の手法と比較して問題点を把握することにしました。

　いろいろな描き方が現存する理由は、はじめに学んだ切っ掛けに大きく左右されていることも考えられます。たとえば、参考書から描き方を身に付けた人は、それぞれの著者のやり方を身に付けている傾向にあります。また自己流で身に付けた技術は、自分の殻から抜け出せない所があるために、技術向上に問題があります。割と多いのが、ソフトウェアを主に学校で学んできた人から CAD 製図を学んだ場合、実践的な描き方に劣る傾向にあります。逆に手描き図面を長年仕事としてやってきた人が CAD を身に付けた場合は、総じて手描き手法を主体で行うため、効率に問題があると考えられます。

　ソフトのバージョンが上がるたびに、少しでも能率が良く正確にと改良を加えてきていますが、本質的にあまり作図効果が上がっていないのは、利用者が使いこなせていないとも考えられます。そこで、誰でも早く正確で、楽に描けるようにすることを目的とした新たな手法を試みました。具体的には、建築分野では各パーツがある程度固定していますが、機械分野では図形が不確定なために、コマンド主体の CAD 製図法が主体になっている傾向にあるという事が分かりました。

　機械図面に対して、パーツ化の代わりになるものができないか AutoCAD のブロック機能を中心に試みた結果、飛躍的に CAD 手法が向上しました（ここでは複合アイコンと呼びます）。さらに複合アイコンには、作図と同時に寸法表示ができるようにした為に図形の確認と寸法記入が省略することもできます。また、図形によっては複合アイコン同士を組み合わせたアイコンを使用することによって最終的には、大幅に作図時間を短縮することも可能になりました。具体的な方法は第 3 章から説明します。ぜひ新技法を身に付けて実践に役立ててください。

2019 年 3 月
内山 浩

もくじ

はじめに ……………………………………………………………… 003

第1章 操作を短縮するための準備　009

1-01 作図時間を短縮する作図方法 ……………………………010
作図時間を短縮するポイント／作図に使用するコマンドとツールバー／ツールバーを新規作成する（AutoCADの場合）／ツールバーにアイコンを追加する／ツールバーを新規作成する（AutoCAD LTの場合）／ツールバーにコマンドを追加する（AutoCAD LTの場合）／よく使うコマンドの一覧

1-02 よく使うコマンドの確認 ……………………………015
オブジェクトスナップ／オブジェクトスナップの設定／オブジェクトスナップの使用例

1-03 グリップ編集 …………………………………………019
グリップ編集を使った作図例①―四角形の尺度を変更する／グリップ編集を使った作図例②―五角形の角を移動する

1-04 画層の利用 ……………………………………………021
画層を作成する／画層の名前を変更する／画層の線の色を変更する／画層の線種を変更する／画層を切り替える

1-05 効率を上げるための基本操作 ………………………025
傾いている楕円の作図／角度のある図形の作図／三角形の作図／角度の付いた線分と円の作図／円弧と直線の作図

第2章 作図効果のポイント　031

2-01 製図方法の比較 …………………………………………032
課題図面の概要／一般的なCAD製図の場合

2-02 少ないコマンド数で作図する …………………………037
コマンド数を減らした方法の作図結果

2-03 複合アイコン ……………………………………………039

複合アイコンの概要／複合アイコンの形状／複合アイコンの作図基準／複合アイコンの作図例／ブロック定義で図形を登録する

2-04 四角形と長穴を作図する …………………………………045
四角形を作図する／寸法スタイルを設定する／寸法を記入する／ブロック登録をする／長穴を作図する

2-05 複合アイコンの一覧 …………………………………049
複合アイコンを利用した作図例

2-06 マルチラインスタイル管理で複合アイコンを作成する（AutoCAD専用コマンド） …………………………………062
作図方法と作図例／マルチラインスタイルを利用した作図例

2-07 2重線の作図（AutoCAD LT） …………………………………067

2-08 スライド駒の製図 …………………………………069
一般的なCAD製図の場合／画層を（外形線）に切り替えて作図する／中心線を作図する／破線を作図する

2-09 新CAD製図での作図 …………………………………075
新CAD製図で作図する／穴を作図する

第3章 効率アップのテクニック　081

3-01 ロボットを作図する …………………………………082

3-02 ロボットのアンテナ部分を作図する …………………………………083
アンテナ台を作図する／アンテナの正面図を作図する／配列複写で作図する／アンテナの長さを調整する／側面図を作図する

3-03 ロボットの頭部を製図する …………………………………088
頭部の外形線を作図する／頭部を製図する／鼻と口を作図する

3-04 ロボットの胸部を製図する …………………………………093
ロボットの胸部を作図する／側面図を作図する／平面図を追作図する／正面図を追加作図する

3-05 ロボットの腕を作図する …………………………………101
A(肩)を作図する／B(腕)を作図する／C(球)を作図する／D(腕)を作図する／F(手)を作図する／不要な線を削除する

3-06 足を作図する …………………………………107
カーソルを元に戻す／AとBの足を作図する／Cの足を作図する／フィレットと面取りを付ける

第4章 さらに効率をあげる応用テクニック　111

4-01　寸法記入の効率化 ……………………………………112
作図例／自動寸法を表示する／寸法を変更する／寸法補助線を移動する／寸法記入方法の比較

4-02　横型／縦型兼用のバイスを作図する ……………116
作図するバイスの概要

4-03　バイスの本体を製図する ………………………119
本体の正面図を作図する／平行線（溝の部分）を作図する／ねじを作図する／本体の平面図を作図する／本体の左側面図を作図する／本体の右側面図を作図する／円を作図する／φ8.5を左側面図にコピーする

4-04　バイスの取り付け板を製図する …………………131
取り付け板の正面図を作図する／ピッチ寸法を基準に外形線を作図する／側面図を作図する

4-05　スライド駒を製図する …………………………134
スライド駒の正面図を作図する／作図前に図形を分解する／円の基点を設定する／円を作図する／スライド駒の側面図を作図する

4-06　スライド駒のカバーを製図する …………………139
カバーの正面図を作図する／カバーの右側面図を作図する

4-07　締め付けねじを製図する ………………………142
締め付けねじを作図する

4-08　締め付けハンドルを製図する …………………144
締め付けハンドルを作図する

4-09　クランプ台を製図する …………………………146
クランプ台の正面図を作図する／ねじと穴を作図する／クランプ台の右側面図を作図する／クランプ台の平面図を作図する

4-10　クランプ用ねじを製図する ……………………152
クランプ用ねじを作図する／ねじ部を作図する

4-11　クランプ受け金具を製図する …………………155
金具を作図する

4-12　ガイド軸を製図する ……………………………157
軸を作図する

第5章 応用テクニックの実践 159

- **5-01** 角度変換機構を作図する ……………………………160
- **5-02** モーターを製図する ……………………………162
    モーターを作図する
- **5-03** モーター支持台を製図する ……………………………164
    支持台の正面図を作図する／モーターの正面図を作図する／支持台の右側面図を作図する／円を作図する／三角形を作図する／支持台の左側面図を作図する／円を作図する／支持台の平面図を作図する／円を作図する
- **5-04** 歯車ボックスを製図する ……………………………178
    ボックスの正面図を製図する／ボックスを作図する／ボックスの右側面図を作図する／ボックスの正面図を作図する／ボックスの平面図を作図する／ボックスの穴を作図する／歯車機構の概要
- **5-05** 歯車機構を作図する ……………………………187
    歯車の正面図を作図する／配列複写で作図する／平面図を作図する／歯車の歯形を製図する
- **5-06** BとC歯車を製図する ……………………………193
    正面図を作図する／平面図を作図する／軸径を作図する
- **5-07** モーターに取り付ける小歯車を製図する ……………………………196
    小歯車を作図する／小歯車の右側面図を作図する／
- **5-08** 小歯車DとEを製図する ……………………………199
- **5-09** F歯車位置決めリングを製図する ……………………………200
    ねじを作図する／リングの右側面図を作図する／小歯車の軸を製図する
- **5-10** 電池ケースを製図する ……………………………204
    ケースの正面図を作図する／ケースの右側面図を作図する／断面図を作図する／ケースの平面図を作図する／穴を作図する
- **5-11** 軸受けを製図する ……………………………212
    軸受けを作図する
- **5-12** 軸を製図する ……………………………215
    軸を作図する／ねじを作図する／ワッシャーを作図する
- **5-13** クランク棒を製図する ……………………………217

クランク棒を作図する／クランク棒2を製図する／クランク棒3を製図する／クランク棒4を製図する

5-14　方向指示クランク棒を製図する ……………………………………223

方向支持板を作図する

5-15　スイッチを製図する ……………………………………………………226

スイッチボタンを作図する／固定用ねじを製図する／ナットを製図する／取り付け台を製図する／取り付け台の平面図を作図する／取り付け台の正面図を作図する／取り付け台の背面図を作図する

索 引 ……………………………………………………………………… 238

第 1 章
操作を短縮するための準備

1-01 作図時間を短縮する作図方法

効率よく作図するためには、使用するコマンドを減らすなどの操作の簡略化が必要です。ここでは、作図時間を短縮するためのポイントと図形を組み合わせた「複合アイコン」について説明します。

作図時間を短縮するポイント

作図の稼働率を上げるためには、各操作を簡略化することが重要です。具体的には、コマンドの選択回数を削減し、図形をブロック化して操作を短縮します。そのためには、新たな作図コマンドを作成することが必要です。既存のコマンド機能を組み合わせることによって、新しい作図コマンドを作成します。本書では、これを複合アイコンと命名します。複合アイコンは、作図と同時に寸法記入もできるようにすると、大幅に効果を上げることができます。

作図に使用するコマンドとツールバー

作図コマンドの選択方法は、AutoCADのバージョンに関係なく同一条件で対応するため、ショートカットコマンドで統一しました。また、アイコンでも選択できるように併記しました。

　表示例　線分の場合：「L」（ ／ ）と入力し、 Enter キーを押します。

アイコンを選択する場合、選択する位置が一般的に作図画面上の上下、左右に配置しているため、選択時間に差が出ます。そこで、使用頻度の高いアイコンを集めた専用のツールバーを作り、選択しやすいようにします。ツールバーの作り方は、次を参照してください。

ツールバーを新規作成する（AutoCADの場合）

最初にツールバーを新規作成します。作成方法は、AutoCADとAutoCAD LTで異なります。

❶ 「CUI」と入力し、 Enter キーを押します。［ユーザーインターフェースをカスタマイズ］ダイアログボックスが表示されます。
❷ ［ツールバー］を選択して右クリックし、［新規ツールバー］をクリックします。
❸ ［OK］をクリックします。
❹ 画面に「ツールバー 1」が表示されます。

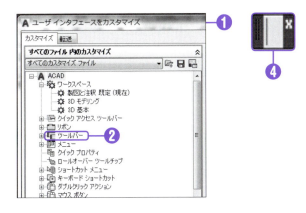

ツールバーにアイコンを追加する

　作成したツールバーにアイコンを追加しましょう。ツールバーを右クリックして、[CUI] を選択します。

❶ コマンド一覧からカスタムコマンドを選択し、もう一度カスタムを選択します。
❷ [挿入] をクリックします。
❸ ブロックをドラッグして「ツールバー 1」に重ねます。

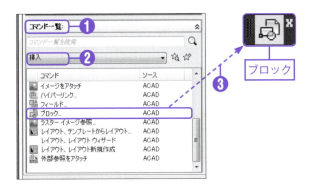

❹ 続けてコマンド一覧から [作成] を選択します。
❺ [長方形] をドラッグして「ツールバー 1」に重ねます。

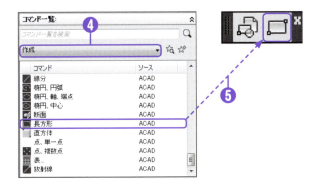

❻ コマンド一覧から［作成］を選択し、[マルチライン] をクリックします。
❼ そのままドラックしてツールバーに重ねます。

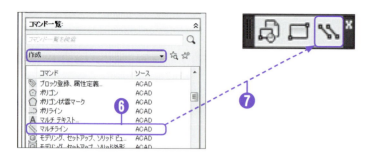

❽ さらに、「ツールバー 1」に［基点設定］と［分解］を加えます。最終的には下図の組み合わせにします。

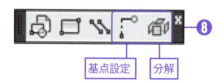

ツールバーに加えるアイコンを選択するときは、コマンド一覧から「すべてのコマンド」「ACADコマンド」「カスタムコマンド」のどれが一番近道か選びます。

ツールバーを新規作成する（AutoCAD LTの場合）

AutoCAD LT でツールバーを新規作成する場合は、次のようになります。

❶ 「TO」と入力して Enter キーを押します。［カスタマイズ］ダイアログボックスが表示されます。
❷ ［ツールバー］を選択します。
❸ 新規ツールバーをクリックして、［OK］をクリックします。
❹ 画面に「ツールバー 1」が表示されます。

ツールバーにコマンドを追加する（AutoCAD LTの場合）

作成したツールバーにコマンドを登録します。

❶ ［コマンド］を選択します。
❷ 挿入基点をクリックします。
❸ ［ブロック挿入］をドラッグして「ツールバー1」に重ねます。

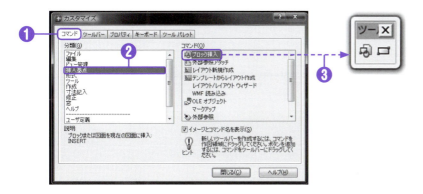

さらに、［すべてのコマンド］をクリックし、［長方形］［基点設定］［分解］をそれぞれドラッグして「ツールバー1」に重ね、下図のようにします。

1つのブロックにまとめたアイコンを選択しやすくし、作図の邪魔にならないように画面の左上に移動します。

▼ AutoCAD の場合

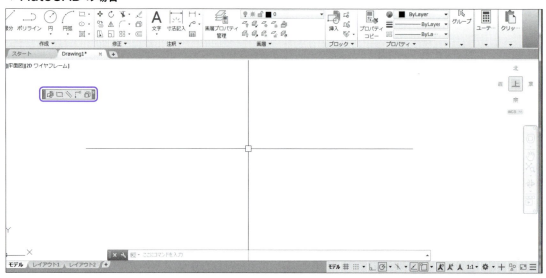

▼ AutoCAD LT の場合

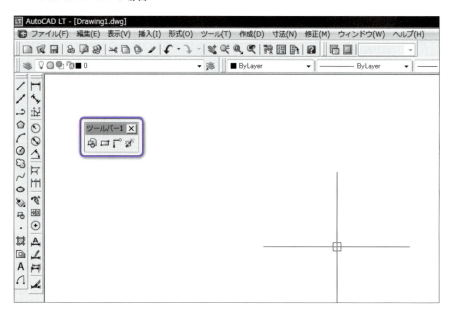

1-02 よく使うコマンドの確認

ここでは、本書で使用するコマンドを作図用と編集用に分けて簡単に説明します。また、オブジェクトスナップについても説明します。

よく使うコマンドの一覧

本書で使用するコマンドを作図用と編集用に分けて一覧表でまとめました。必要に応じて、参照してください。

▼ 図面作図用アイコンの一覧

アイコン選択方法		コマンド名	用語の説明
ショートカットキー	アイコン		
L		線分	始点と終点間に線分を作成します。
PL		ポリライン	ポリラインで描いた図形は1本の線でつながっています。
POL		ポリゴン	3つ以上の正多角形を描きます。
REC		長方形	縦と横に距離を指定して四角形を描きます。
A		円弧	円周の一部を表示した円弧を描きます。
C		円	円を描きます。
EL		楕円	長さと幅を指定して楕円を描きます。
B		ブロック定義	選択した図形をブロックとして登録します。
I		ブロック挿入	ブロック登録した図形を図面に挿入します。
BH		ハッチング	囲んだ領域をハッチングパターンで作図します。
ML		マルチライン	平行な線分を作成します。
MLSTYLE (コマンド)		マルチラインスタイル管理	マルチラインの設定、管理をします。また、平行線の始めと終わりを閉じたり、円弧を付けたりすることもできます。
DL		2重線	AutoCADLTには、マルチラインスタイル管理がないため、代わりの機能として利用します。

1章 操作を短縮するための準備

▼ 図面編集用アイコンの一覧

アイコン選択方法		コマンド名	用語の説明
ショートカットキー	アイコン		
O		オフセット	平行線を描きます。
M		移動	図形の位置を変えます。
CP		複写	図形を複写します。
RO		回転	図形を回転します。
MI		鏡像	図形を対称軸に反転させます。
F		フィレット	角を丸くします。
CHA		面取り	線と線の角を斜めにします。
SC		尺度変更	図形の尺度を変更（拡大／縮小）します。
S		ストレッチ	図形を伸縮させます。
TR		トリム	選択した境界線を基準に線を削除します。
EX		延長	選択した境界線まで線を延長します。
AR		配列複写	図形を矩形状・円形状に個数、間隔、角度を指定して複写します。
CH		オブジェクトプロパティ管理	選択したオブジェクトの履歴表示と内容をコントロールします。
X		分解	つながっている線をそれぞれの線に分解します。
E		削除	描いた図形を部分的または全体を削除します。
LA		画層プロパティ管理	画層は透けて見える用紙にたとえられて、何枚も重ね合わせることができます。
BR		部分削除	線分を部分間で削除します。

オブジェクトスナップ

　オブジェクトスナップは、図形上に正確な位置を設定するための機能です。オブジェクトスナップを有効にすると、スナップする点にマークが表示されます。この状態でクリックすると、マークの点が選択されます。

　オブジェクトスナップには、一時オブジェクトスナップと定常オブジェクトスナップがあります。一時オブジェクトスナップは1回限り有効なスナップで、定常オブジェクトスナップより優先されます。定常オブジェクトスナップは解除するまで有効です。

▼ オブジェクトスナップの一覧

スナップ名		マーク	用語の説明
端点		□	線分、円弧などの端点をキャッチします。
中点		△	線分、円弧などの中点をキャッチします。
交点		X	図形のクロスしている所をキャッチします。
中心		○	円、円弧、楕円の中心をキャッチします。
四半円点		◇	円、円弧、楕円の0、90°、180°、270°の各点をキャッチします。
接線		○	線分、円、円弧、楕円に接する線をキャッチします。
垂線		⊥	線（線分、円、円弧、ポリラインなど）に対して垂直な点を指定します。
近接点		⋈	指定した線に任意の点をキャッチします。
一時トラッキング			水平方向、垂直方向の線上に一時的に基点を設定します。
基点設定			選択した基点から距離を相対座標で位置を決めます。
2点間中点			図形の2点間中点を検出して位置を決めます。2点間中点のスナップは、Shiftキーを押しながら右クリックし、オプションメニューから［2点間中点］を選択します。(AutoCADLT2004には2点間中点はありません)。

オブジェクトスナップの設定

　「OS」と入力して Enter キーを押すと、[作図補助設定] ダイアログボックスが表示されます。[作図補助設定] ダイアログボックスで、使用するスナップのオン／オフができます。

❶ [オブジェクトスナップ] をクリックします。使用するスナップにチェックを付けます。他のオブジェクトスナップのチェックは外します。
❷ [オブジェクトスナップトラッキングオン] にチェックを付けます。なお、LT 2004 / 2005 / 2006 では、[オブジェクトスナップトラッキング] の項目はありません。[OK] をクリックします。

オブジェクトスナップの使用例

オブジェクトスナップの練習として、2 つの長方形の線の延長線上の交点（a 点）を選択して円を描きます。

❶ 「C」（◎）と入力し、Enter キーを押します。
❷ 円の中心を選択します。b 点にカーソルをあわせ、c 点にカーソルを移動します。さらに、c 点から左側に移動し、a 点近くで＋マークが表示されたらクリックします。
❸ 直径を任意の数値で入力して、円を描きます。

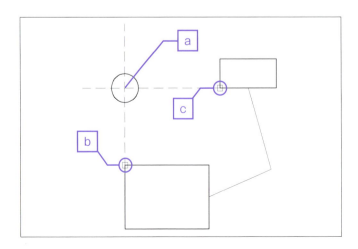

1-03 グリップ編集

　線や円などの図形を選択すると、グリップが表示されます。このグリップを使って図形を編集することができます。ここでは、グリップ編集について説明します。

グリップ編集を使った作図例①―四角形の尺度を変更する

　グリップ編集は、あらたにコマンドを選択することなく、図形を直接操作できるので、作図時間も短縮できます。実際にグリップ編集をしてみましょう。

❶ 「REC」(▭) と入力し、Enter キーを押します。

❷ 任意の点をクリックして、「@ 30, 20」と入力して Enter キーを押します。

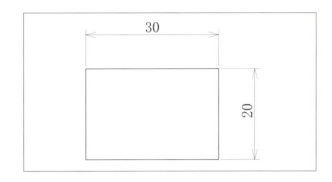

❸ ❷で描いた図形をクリックすると、青いグリップが表示されます。

❹ 青いグリップを右クリックするとコマンドメニューが表示され、移動、複写、尺度変更、回転などを選択することができます。

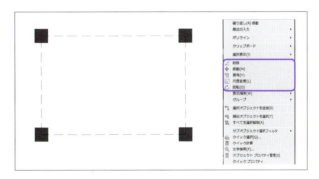

❺ 尺度変更を選択した場合、長方形の左下の角をクリックして「0.5」と入力して Enter キーを押すと、選択した図形の尺度が変更されます。

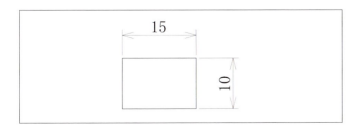

グリップ編集を使った作図例②――五角形の角を移動する

❶ 「POL」（▢）と入力し、Enter キーを押します。
❷ 「5」と入力して、Enter キーを押します。
❸ 「E」と入力して、Enter キーを押します。
❹ F8 キーを押して直交モードをオンにし、任意の点をクリックします。
❺ カーソルを右側に移動し、「15」と入力して Enter キーを押します。

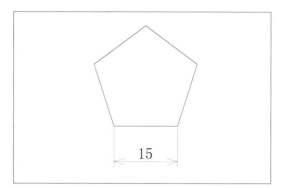

❻ 図形をクリックすると、青いグリップが表示されます。移動させたいグリップをクリックすると、グリップが赤に変わります。そのままカーソルを目的点まで移動し、クリックして Esc キーを押すと五角形の角が移動します。

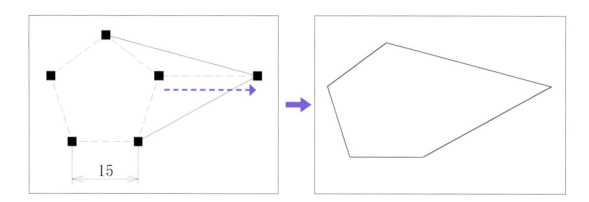

> **メモ**
>
> 直交モードのオン／オフの切り替えは、F8 キーかステータスバーの直交モードアイコン（▨）をクリックして行います。

1-04 画層の利用

　画層は透明な画面のため重ねて表示することができます。使用する画層によって線の色や線種を替えたり、画層の追加や変更をしたりなどの操作ができます。ここでは、画層について説明します。

画層を作成する

　画層は、透明なシートを重ねて表示することで、図形をグループ分けすることができます。1枚の図面を図形だけを描く画層、寸法を記入する画層、というように、複数の画層に分けることができます。

　画層を利用することで、効率的に図面を作成したり、図面をいろいろな目的に活用したりすることができ、組立図から部品の図面を簡単に分解したりといったことができます。画層を作成してみましょう。

❶ 「LA」（🖼️📚）と入力して [Enter] キーを押します。[画層プロパティ管理] ダイアログボックスが表示されます。

❷ 新しい画層を追加します。📚（LT 2004 の場合は、[新規作成]）をクリックすると、「画層 1」が表示されます。さらに 6 回クリックして、「画層 7」まで追加します。

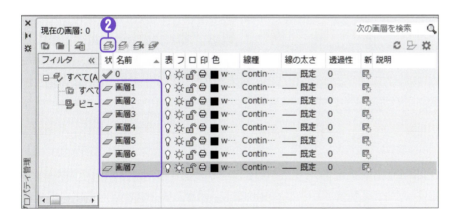

画層の名前を変更する

　追加した画層の名前を変更します。

❶ [画層 1] をクリックして [Back space] キーを押して削除し、「中心線」と入力します。
❷ 同様に画層 2 ～ 7 を「基準線」、「外形線」、「寸法線」、「想像線」、「破線」、「文字」に変更します。
❸ [×] をクリックして、終了します。

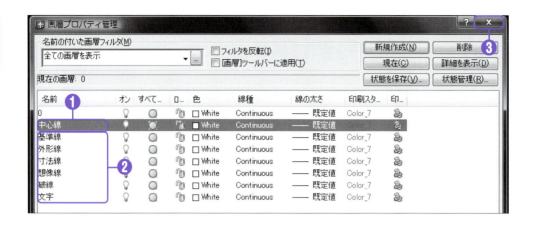

画層の線の色を変更する

「中心線」画層の線の色を青色に設定します。

❶ 中心線の[色]をクリックします。
❷ 色選択のパレットが開きます。基準色から[青]を選択します。
❸ [OK]をクリックします。

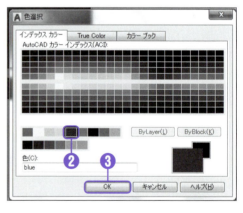

❹ 茶色の場合は、パレットから「色番号34」を選択します。同様に、「外形線」は「green」、「寸法線」と「文字」は「white」、「想像線」は「magenta」、「破線」は「cyan」に設定します。
❺ 設定後、[×]をクリックして「画層プロパティ管理」ダイアログボックスを閉じます。

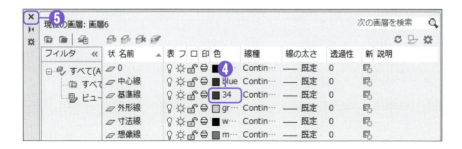

画層の線種を変更する

「中心線」画層の線種を「CENTER2」に設定します。

❶ 中心線の [Continuous] をクリックすると、[線種を選択] ダイアログボックスが表示されます。

❷ 該当する線種が登録していない場合は、[ロード] をクリックします。

❸ 「線種ロードまたは再ロード」ダイアログボックスで目的の線種「CENTER2」を選択し、[OK] をクリックします。

❹ [線種を選択] ダイアログボックスに戻るので、「CENTER2」を選択し、[OK] をクリックします。

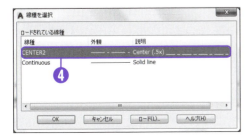

❺ 同様に「想像線」は「PHANTOM2」、「破線」は「HIDDEN」を選択します。設定後は、[×] をクリックして線種設定を完了します。

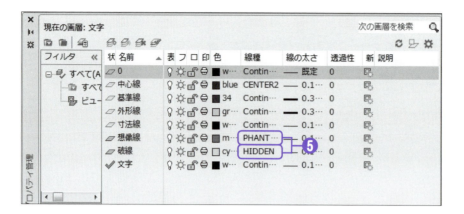

画層を切り替える

画層は、利用する画層を現在画層にして作図します。

❶ 画層プロパティ管理で現在画層を「外形線」から「寸法線」に変更します。

❷ 寸法線をクリックすると、現在画層が「寸法線」になり、「寸法線」画層で作図ができます。

1-05 効率を上げるための基本操作

効率よく作図するには、それぞれのコマンド機能をフルに利用する必要があります。ここでは、実際にさまざまな図形を作図しながら、効率を上げる方法を説明します。

傾いている楕円の作図

▼ 作図寸法

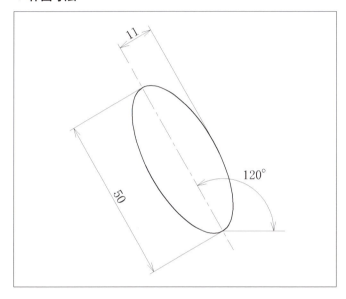

図形が傾いている場合は、水平の状態で作図をしてから傾けると効率が悪いため、傾けたまま作図します。

❶ 「EL」（ ）と入力し、Enter キーを押します。
❷ 任意の点をクリックします。
❸ 「@50<120」と入力し、Enter キーを押します。
❹ 「11」と入力し、Enter キーを押して終了します。

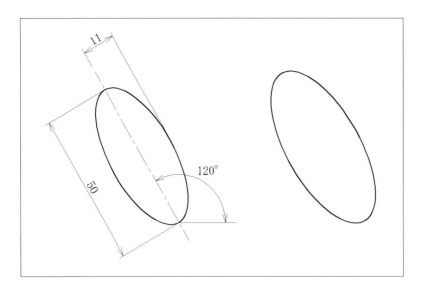

角度のある図形の作図

▼ 作図寸法

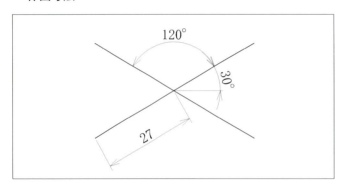

　角度の付いた図形は、基準線を描いたり、角度を計算して回転をしたりして作図する場合が多くあります。効率を上げるために、直接作図寸法を入力して描きます。

❶ 「L」（／）と入力し、[Enter]キーを押します。
❷ 任意の点をクリックし、「@54<30」と入力して[Enter]キーを2回押します。
❸ [F8]キーを押して、直交モードをオンにします。

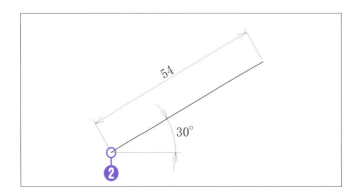

❹ 「MI」（▲）と入力し、Enter キーを押します。
❺ ❷で描いた線をクリックして Enter キーを押します。
❻ 中点をクリックしてカーソルを下に移動し、任意の点でクリックし、Enter キーを押して終了します。

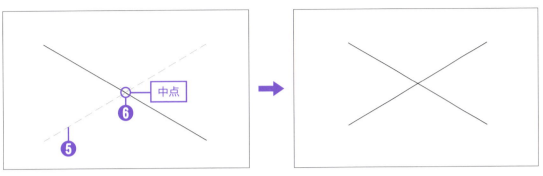

三角形の作図

▼ 作図寸法

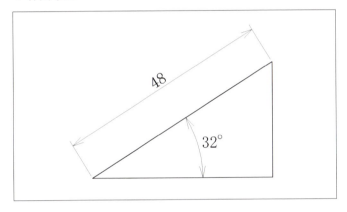

　このような三角形は、一般的には線分コマンドと回転コマンドを使いますが、ここではグリップ編集で作図します。

❶ 「REC」（▭）と入力し、Enter キーを押します。
❷ 任意の点をクリックし、「@48<32」と入力して Enter キーを押します。

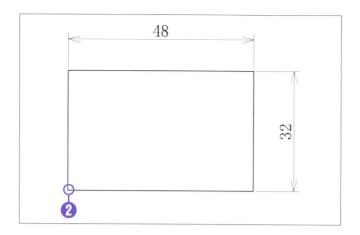

❸ 左上の角のグリップを2回クリックし、グリップが赤になったらそのままカーソルを下に移動します。
❹ 左下の角のグリップをクリックし、Escキーを押して終了します。

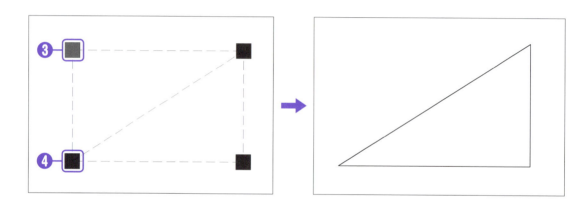

角度の付いた線分と円の作図

▼ 作図寸法

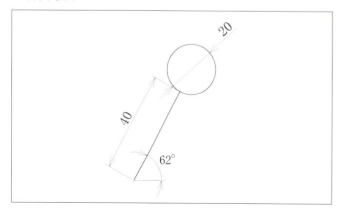

この図形の作図に必要なコマンドは線分、回転、円などです。効率を考えて角度を付けて作図します。

❶ 「L」（✐）と入力し、Enter キーを押します。
❷ 任意の点をクリックし、「@40<62」と入力して Enter キーを 2 回押して終了します。

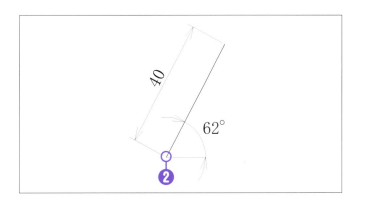

❸ 「C」（◎）と入力し、Enter キーを押します。
❹ 「2P」と入力して、Enter キーを押します。
❺ 線分の右上の端点をクリックして「@20<62」と入力し、Enter キーを押して終了します。

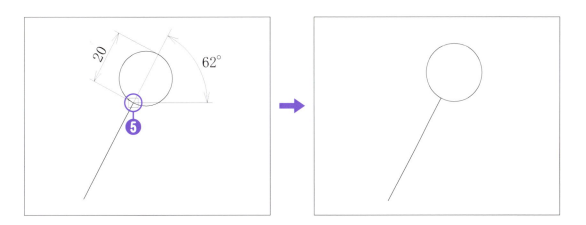

円弧と直線の作図

▼ 作図寸法

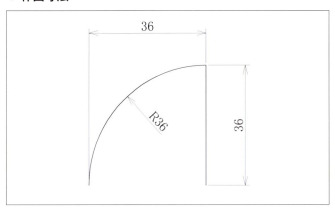

上記のような図形は一般的に線分と円弧で作図しますが、ここではポリラインで作図します。

❶ F8 キーを押して、直交モードをオンにします。
❷ 「PL」（⏎）と入力し、 Enter キーを押します。
❸ 任意の点をクリックし、カーソルを上に移動します。「36」と入力して Enter キーを押します。

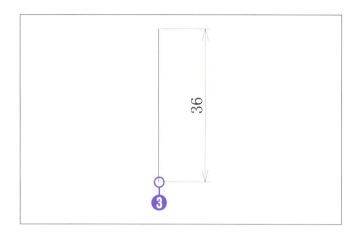

❹ 「A」と入力し、 Enter キーを押します。
❺ 「CE」と入力し、 Enter キーを押します。
❻ 直線の下の端点をクリックしてカーソルを左に移動し、円弧の先端付近の点をクリックして Enter キーを押して終了します。

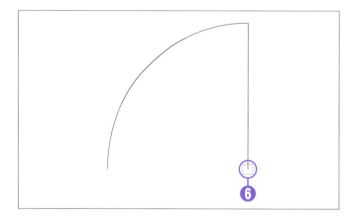

第2章
作図効果のポイント

2-01 製図方法の比較

同じ課題図面を一般的な CAD 製図法とコマンド数を減らした方法で作図し、作図時間を比較してみます。まずは、一般的な CAD 製図法で作図してみましょう。

課題図面の概要

ここでは、次のような課題図面を作図します。

▼ 作図寸法

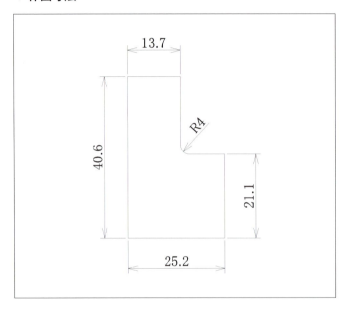

一般的な CAD 製図では、次の 2 通りの方法で作図します。

① 基準線をトリムで切って作図する方法
② 座標入力で作図する方法

一般的なCAD製図の場合

基準線をトリムで切って作図する

まずは、一般的な製図方法である基準線をトリムする方法で作図してみます。

❶ 「XL」（☒）と入力し、Enter キーを押します。
❷ コマンドウィンドウに「H」（水平）と入力し、Enter キーを押します。

❸ 任意の点をクリックして、Enter キーを 2 回押します。
❹ 続けて「V」と入力し、Enter キーを押します。
❺ 水平線の中点をクリックし、Enter キーを押して終了します。

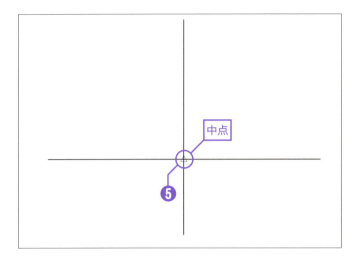

❻ 「O」（🖱）と入力し、Enter キーを押します。
❼ 「21.1」と入力して、Enter キーを押します。水平線をクリックし、カーソルを上に移動してクリックし、Enter キーを 2 回押します。
❽ 続けて「40.6」と入力して Enter キーを押します。水平線をクリックし、カーソルを上に移動してクリックし、Enter キーを 2 回押します。

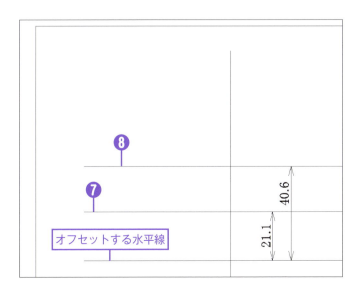

⑨ 「13.7」と入力して、Enter キーを押します。垂直線をクリックしてカーソルを右に移動し、クリックして Enter キーを2回押します。

⑩ 続けて「25.2」と入力して、Enter キーを押します。垂直線をクリックしてカーソルを右に移動し、クリックして Enter キーを押して終了します。

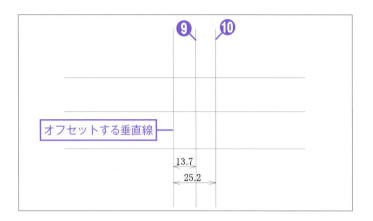

⑪ 「TR」（ ）と入力し、Enter キーを押します。
⑫ 図形全体をまとめて選択（右下から左上にクリック）して、Enter キーを押します。
⑬ 不要な線を削除し、Enter キーを押して終了します。

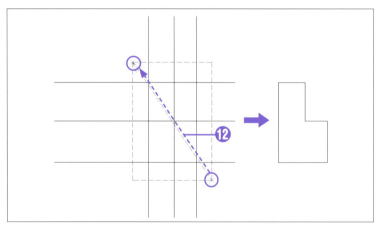

> **メモ**
>
> 図形全体を選択する方法は2通りあります。
>
> ❶ 　　　❷　水色の場合は、❶から❷の順にクリックして囲みます（全体を囲んだ線が選択されます）。
>
> ❹ 　　　❸　青の場合は、❸から❹の順にクリックして囲みます（全体を囲んだ線と触れた線が選択されます）。

⑭ 「F」（◰）と入力し、Enter キーを押します。
⑮ 「R」と入力し、Enter キーを押し、「4」と入力して Enter キーを押します。
⑯ 丸める角の2線をクリックして終了します。

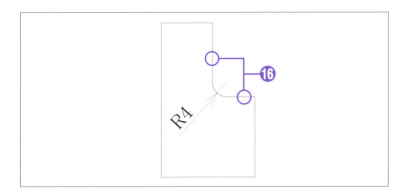

── 座標入力で作図する

次に、座標入力で作図してみます。

① 「L」（╱）と入力し、Enter キーを押します。
② 任意の点をクリックします。
③ 「@ -13.7,0」と入力し、Enter キーを押します。
④ 「@ 0,-40.6」と入力し、Enter キーを押します。
⑤ 「@ 25.2, 0」と入力し、Enter キーを押します。
⑥ 「@ 0, 21.1」と入力し、Enter キーを押します。
⑦ 「@ -11.5,0」と入力し、Enter キーを押します。
⑧ 「C」と入力し、Enter キーを押します。[C]は「閉じる」オプションです。

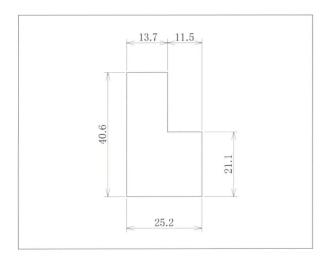

⑨ 「F」（▱）と入力し、Enter キーを押します。
⑩ 「R」（半径）と入力し、Enter キーを押します。「4」と入力して Enter キーを押します。
⑪ 丸める角のある2線をクリックして終了します。

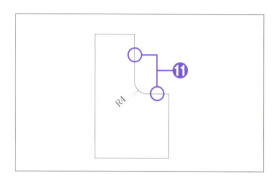

┠── **作図結果**

一般的な CAD 製図で使用したコマンドの数をまとめました。

▼ 作図時間と作図に使用したコマンド

作図法	作図時間（平均）	使用したコマンド	その他
トリム主体	平均 82 秒	XL、O、TR、F	
座標入力	平均 62 秒	L、F	計算

注：XL は構築線、L は線分、O はオフセット、F はフィレット、TR はトリム

▼ 作図に使用したコマンド操作回数

使用コマンド＼作図法	XL・L	O	F	TR	計算	合計
トリム主体	2	4	1	2		9
座標入力	6		1		(1)	8

　コマンド操作の占める割合で一番高いのは、座標入力で L が 75％になっています。トリム主体の作図では、O が 45％を占めています。このことから L、O を兼ね備えた REC（長方形）を使用することで、効率が向上すると考えられます。これをもとに、使用するコマンドを減らして作図してみましょう。

▼ コマンド数削減対策

使用したコマンド	兼用しているコマンド
線分、オフセット、トリム	長方形

2-02 少ないコマンド数で作図する

前節では、使用するコマンドの割合を調べ、削減できるコマンドを割り出しました。今度は、同じ課題図面を使用するコマンドを減らして作図し、作図時間を比較してみましょう。

今度は、同じ課題図面をコマンドを減らして作図します。使用するコマンドを減らすため、長方形、フィレットを使用して作図します。

❶ 「REC」（▢）と入力し、Enter キーを押します。
❷ 任意の点をクリックして「@25.2,21.1」と入力し、Enter キーを2回押します。

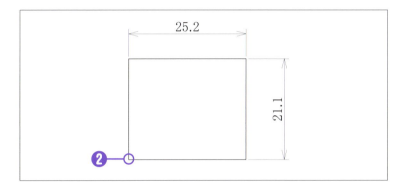

❸ ❷で描いた長方形の左下の角をクリックして「@13.7,40.6」と入力し、Enter キーを押して終了します。

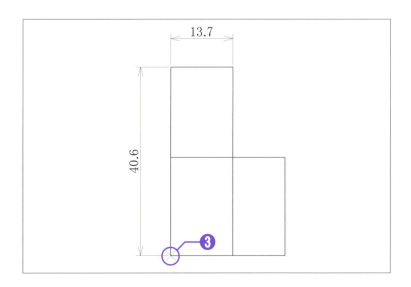

❹ 「F」（▱）と入力し、Enter キーを押します。
❺ 「R」（半径）と入力し、Enter キーを押し、「4」と入力し、Enter キーを押します。
❻ 丸める角のある 2 線をクリックして終了します。

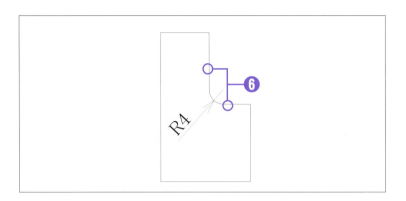

コマンド数を減らした方法の作図結果

　表のように、使用するコマンド数を減らすと、作図時間も短縮できます。
　しかし、さまざまな図形に対してコマンド回数を減らすには、現在のコマンドでは限界があります。そこで、今回の長方形コマンドのように複数のコマンドを兼用できるアイコンを作成します。本書では、これらのアイコンを複合アイコンと呼びます。

▼ 作図時間と作図に使用したコマンド

作図時間（平均）	使用コマンド（回数）	操作回数
平均 34 秒	REC（2）、F（1）	3

REC：長方形、F：フィレット

2-03 複合アイコン

既存のコマンドは、目的に合わせて選択して作図します。もっと効率を上げるために、図形に合った「複合アイコン」を利用します。ここでは、複合アイコンの作成方法を説明します。

複合アイコンの概要

長方形のように、いくつかのアイコン機能を兼用しているコマンドを本書では「複合アイコン」と呼びます。作図の効率を上げるため、複合アイコンを作成し、作図する図形に合わせて利用します。

複合アイコンは、「作図時間が速い」「操作が簡単で正確にできる」「各種の図形に対して汎用性がある」ことを満たすように作成します。AutoCAD、AutoCAD LT で新たに複合アイコンを作成または、利用できる各コマンドは次のとおりです。

複合アイコンの形状

複合アイコンを作るときは、効果的な形状になるようにできるだけ図面と同形にします。鍵をサンプルとして説明します。ポイントは、組立図を各パーツに分けることです。

▼ 鍵の完成図

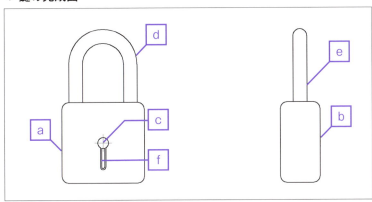

▼ 分解した各パーツ

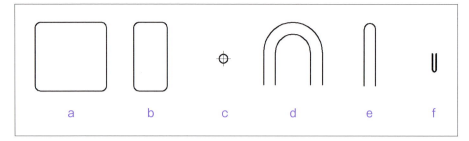

複合アイコンのタイプは3通りあります。
　①パーツと同形のアイコンを、いくつか組み合わせて作成
　②既成のコマンドで、不足している部分を補足して作成
　③すでにあるコマンドで、いくつかの機能を含んでいるコマンドを利用
作例の鍵は、次のように分けられます。

▼ 複合アイコンの作図例

分解したパーツ	複合アイコン作図		
	①の場合	②の場合	③の場合
a, b			長方形で作図
d, e		マルチラインスタイル管理で作図	
c	ブロック定義で作図		

複合アイコンの作図基準

複合アイコンは、下図の条件で作成します。
- 作図寸法は、1mmを基準とします（使用する時は、図面寸法を直接入力して作図するためです）。
- 中心線の長さは、図形に対して左右、上下 0.2mm 長くします。
- グローバル線種尺度は 0.1 にします (使用するときは図形の大きさによりますが、「1」にします)。
- 寸法も記入し、寸法線は一時的に非表示にします。使用法は、応用編で説明します。
- 画層は専用の画層を使います。

では、実際に作図してみましょう。作成した複合アイコンの使用方法は、第 4 章から説明します。

▼ 複合アイコン作図のまとめ

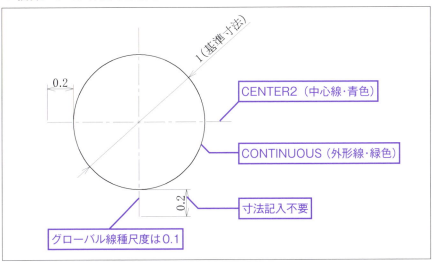

複合アイコンの作図例

├── 画層を設定する

画層コントロールリストから「外形線」を選択すると、外形線が現在画層に移動して作図ができます。なお、画層の設定方法については、P.21 を参照してください。

❶ 「C」（◎）と入力し、Enter キーを押します。
❷ 任意の点をクリックして「0.5」と入力し、Enter キーを2回押します。

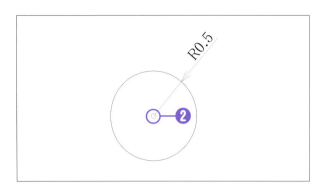

❸ 円の中心をクリックして「0.7」と入力し、Enter キーを押して終了します。
❹ 画層コントロールリストから「中心線」を選択します。
❺ 「L」（／）と入力し、Enter キーを押します。
❻ オブジェクトスナップの四半円点a点、b点をクリックして Enter キーを2回押します。
❼ 同様にc点、d点をクリックして Enter キーを押して終了します。

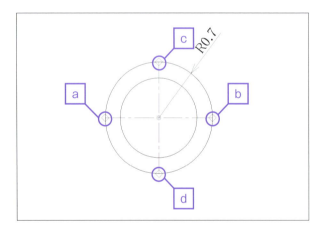

❽ 外側の円をクリックして Delete キーを押して削除します。

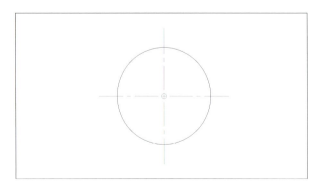

ブロック定義で図形を登録する

作成した図形は、ブロック定義で登録しておきます。

① 「B」（🖳）と入力し、Enter キーを押します。[ブロック定義] ダイアログボックスが表示されます。
② [名前] に「円」と入力します。
③ 「分解を許可」をクリックしてチェックを付けます。「分解を許可」の項目が無いバージョンの場合は、直接「オブジェクトを選択」をクリックします。
④ [オブジェクトを選択] をクリックして、図形を選択して、Enter キーを押します。
⑤ [挿入基点を指定] をクリックして、円の中心をクリックします。
⑥ [OK] をクリックして終了します。

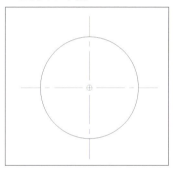

▼ 登録した図形

├── **ブロックの挿入**

ブロックは、複合アイコン図形を登録したブロックを呼び出して図面に挿入します。挿入例として次の図を作図します。

▼ 作図寸法

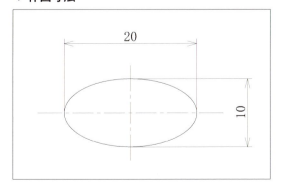

① 「I」（🖫）と入力し、Enter キーを押します。［ブロック挿入］ダイアログボックスが表示されます。
② 「名前」で「円」を選択します。
③ 「尺度」は［X］に 20、［Y］に 10 と入力します。
④ ［OK］をクリックします。

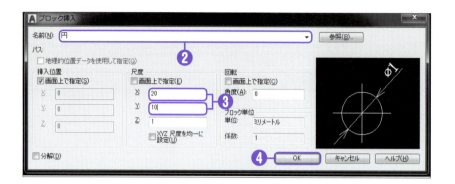

⑤ 任意の点をクリックすると、図形が挿入されます。

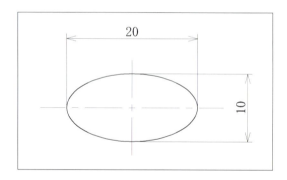

ブロック挿入の特徴は、X、Y と回転角度に数字を入力することによって、さまざまな図形ができることです。作図後でも、図形を分解（X）していなければオブジェクトプロパティ管理（CH）で X、Y や回転角度などに数字を入力することによって図形を簡単に変更できます。

> **メモ**
>
> X,Y に寸法を入力する場合は、［分解］と［XYZ 尺度を均一に設定］のチェックを外します。

2-04 四角形と長穴を作図する

複合アイコンの作図と同時に寸法表示ができるようにし、登録を行います。また、寸法の高さ調整の説明をします。

四角形を作図する

寸法記入で説明します。

❶ 「REC」（▢）と入力し、Enter キーを押します。
❷ 任意の点をクリックし、「@ 1,1」と入力して Enter キーを押します。

寸法スタイルを設定する

寸法を記入する前に、まずは寸法スタイルを設定します。

❶ 「D」（▨）と入力し、Enter キーを押します。[寸法スタイル管理] ダイアログボックスが表示されます。
❷ [修正] をクリックします。
❸ [寸法スタイルを修正] ダイアログボックスが表示されます。

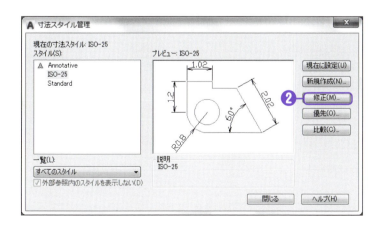

❹ ［フィット］タブをクリックします。
❺ ［全体の尺度］に［0.1］と入力して、［OK］をクリックします（実際に利用するときは、［寸法文字高さ］が小さすぎて見にくいので、事前に［全体尺度］を図形の大きさによって、「1」前後に設定します）。

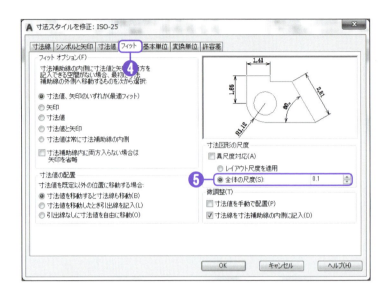

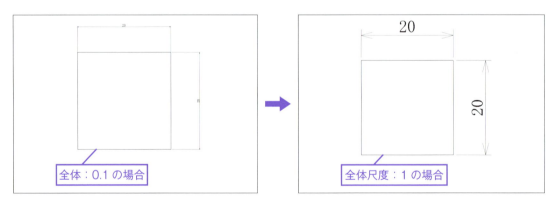

寸法を記入する

寸法スタイルを設定したら、寸法を記入します。

❶ 「DIMLINEAR」(⊢)と入力し、Enter キーを押します。
❷ a点とb点をクリックしてc点付近をクリックし、Enter キーを押します。
❸ b点とd点をクリックしてe点付近をクリックします。寸法補助線の高さは、「0.3」にします。

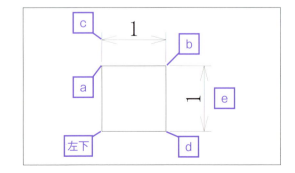

ブロック登録をする

作図した 4 角形と寸法をブロック登録します。

❶ 「B」（🔳）と入力し、 Enter キーを押します。[ブロック定義] ダイアログボックスが表示されます。
❷ [名前] に「4 角左下」と入力します。
❸ [オブジェクトを選択] をクリックして作図した図形を選択し、 Enter キーを押します。
❹ [挿入基点を指定] をクリックし、左下の角をクリックします。
❺ [OK] をクリックして終了します。

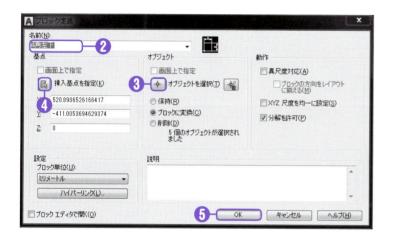

長穴を作図する

複合アイコンの長穴は、図面寸法が縦と横の比率が同じ場合は半径が正しく作図されます。また、比率が違う場合は、比率にそった曲線になります。

─── 縦横の比率が同じ場合

❶ 「I」（🔳）と入力し、 Enter キーを押します。
❷ 「長穴右」を選択します（登録済みの「長穴右」を呼び出します）。
❸ 「X：20」「Y：20」と入力して、[OK] をクリックします。
❹ 任意の点をクリックして Enter キーを押します。

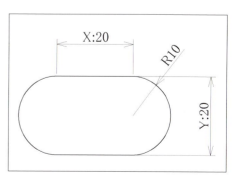

047

├── 縦横の比率が違う場合

❶ 「長穴右」を選択します。
❷ 「X：40」「Y：10」と入力して、[OK] をクリックします。
❸ 任意の点をクリックして、Enter キーを押します。

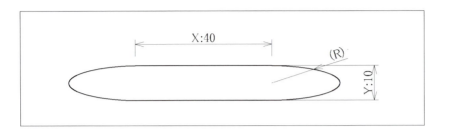

❹ 修正はグリップ編集で行います。図形をクリックして選択し、「x」と入力して Enter キーを押して分解します。
❺ a 点をクリックして、グリップをもう一度クリックします。
❻ カーソルを左に水平移動して「5」（半径寸法）と入力し、Enter キーを押します。
❼ b 点を 2 回クリックします。
❽ カーソルを右に水平移動して「5」と入力し、Enter キー、Esc キーの順に押して終了します。

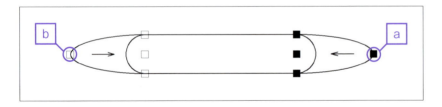

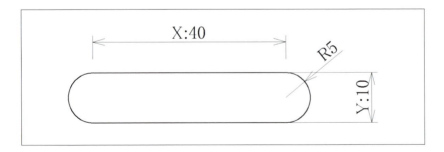

メモ

図形を分解すると、自動的に寸法が表示されます。

2-05 複合アイコンの一覧

　これから使用する各種の複合アイコンを作成します。各寸法は、複合アイコンの作図用です。実際に使用する方法は、第4章で説明します。それまでは、寸法線画層を非表示にします。

　複合アイコンを次表のとおりに作成します。なお、同じ図形でも基点が違うのは、それぞれの基点を直接合わせて連続作図するためです。また、×または○印は基点を示します。基点は作図後削除するので、少しでも効率を考慮して、印刷後に目立たないような大きさにしました。

　さらに、複合アイコンの各基点を用いて連続作図する場合、基点を正確にクリックするために、図形上に合わせてオブジェクトスナップのマークを付けました。
複合アイコンの図形は、各種の図面に合わせて作図するのが最も効果的です。複合アイコンを理解したら、自社図面に合わせた形状を作成しましょう。

　複合アイコンの作図に慣れるまでは、一覧表の図形を作成してあるサンプルファイルをダウンロードして利用してください。複合アイコンはブロック定義で個々に登録し、ブロック挿入で作図します。

▼ 複合アイコン図形の一覧表

図形	登録名	備考
1×1の正方形（左上に基点）	4角左上	
1×1の正方形（左中に基点）	4角左中	
1×1の正方形（左下に基点）	4角左下	

図形	登録名	備考
	4角中上	
	4角中	
	4角中下	
	4角右中	
	4角右下	
	4角中心	4角に中心線を組み合わせた図形です。

図形	登録名	備考
	4点中上	
	4点中下	各点は図形の間隔を指定します。
	9点中下	
	4角R2	
	4角R2横	ここはコーナーに半径（R）と面取り（C）を付けた図形です。
	4角R4	

図形	登録名	備考
(4角C2 図)	4角C2	
(4角C4 図)	4角C4	
(三角形 図)	三角形	
(三角形上R 図)	三角形上R	
(直角三角形 図)	直角三角形	
(平行 図)	平行	平行線の使用頻度が高いので各種タイプを作図します。
(平行縦 図)	平行縦	

図形	登録名	備考
	平行中心	
	平行中心3	
	平行中心縦	
	平行破線	
	平行破線中心	
	平行破線中心縦	

図形	登録名	備考
	線	
	線点	線と点を組み合わせた図形です。
	長穴右	基点を左右に分けて作図します。
	長穴左	
	コ	
	コ縦	基点を横と縦に分けて作図します。
	コ中心	

図形	登録名	備考
(円、⌀1、0.2)	円	
(半円、R0.5、0.2、0.2、1)	半円	
(30°、90°、M1)	めねじ	
(0.1、1、50°、M1、0.11、0.15)	ねじ込み部	基準寸法を1としたため、使用する時の大きさ（平均値）に合わせて変形寸法にします。図形は、基本寸法（ねじの長さ、ねじの大きさ）を除いて近似値になります。
(1、M1)	ねじ込み部破線	
(1、0.06、0.1、M1、0.02)	おねじ左	変更寸法になります。
(1、M1)	おねじ右	

図形	登録名	備考
	めねじ横	
	めねじ横破線	
	ボルト	
	モジュール1の歯型	歯の大きさは、モジュール（歯車のピッチ：円直径を歯車で割った値）を用いて表します。歯の大きさはモジュールの何倍というように決められています。
	合成複合アイコンA	合成複合アイコンAは、複合アイコンのねじ4個と4点中下を組み合わせて登録します。
	合成複合アイコンB	合成複合アイコンBは、複合アイコンのねじ2個と4点中下を組み合わせて登録します。

メモ

複合アイコンでねじ寸法を直接表示することはできません。はじめに寸法を記入してから文字編集でMを追加入力し、ブロック登録をします。

複合アイコンを利用した作図例

複合アイコンを組み合わせれば、次のような図もすばやく作図できます。

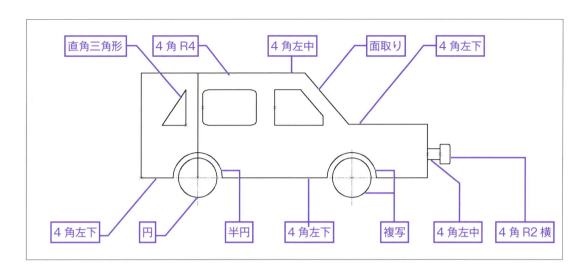

ポイントは、できるだけ図形に近い形の複合アイコンを選択し、骨格を作図することです。あとは、未完成部分を作図します。複合アイコンを使用した作図は、従来の作図方法と違って、直接各図形の基点を合わせながら組み立てます。

骨格を作図する

❶ 「I」（🗐）と入力し、Enter キーを押します。
❷ 「ブロック挿入」ダイアログボックスの [名前] で「4角左下」を選択します。
❸ 「X:58」「Y：105」と入力して、[OK] をクリックします。
❹ 任意の点をクリックします。Enter キーを押して、「I」コマンドを再実行します。

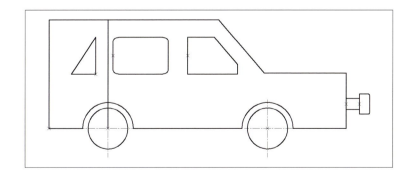

メモ

❹のように、ブロックを挿入した直後に Enter キーを押すと、「I」コマンドがくり返し実行され、「ブロック挿入」ダイアログボックスが表示されます。ブロックを連続してすばやく挿入できます。

❺ 「X:158」、「Y:105」と入力して、[OK] をクリックします。長方形の右下の角をクリックして、Enter キーを押します。

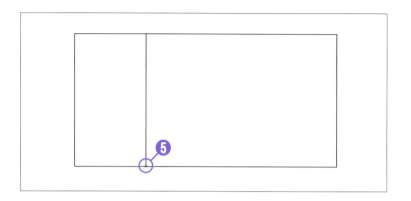

❻ 「X:78」、「Y:52」と入力して、[OK] をクリックします。❺で作図した長方形の右下の角をクリックして、Enter キーを押します。

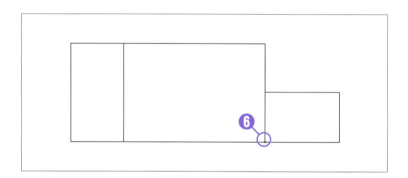

❼ 「ブロック挿入」ダイアログボックスの [名前] で「4 角左中」を選択します。「X:13」、「Y:11」と入力して、[OK] をクリックします。 を選択して❻で作図した長方形の右下の角をクリックし、「@ 0,24」と入力して Enter キーを 2 回押します。

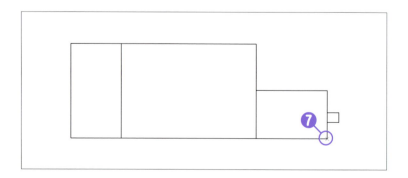

❽ 「ブロック挿入」ダイアログボックスの [名前] で「4 角 R2 横」を選択します。「X:10」「Y:20」と入力して、[OK] をクリックします。❼で作図した長方形の右中央をクリックして、Enter キーを押します。

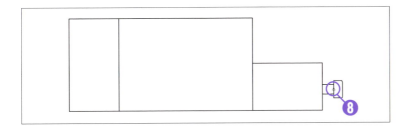

❾ 「ブロック挿入」ダイアログボックスの[名前]で「円」を選択します。「X:40」「Y：40」と入力して、[OK]をクリックします。❸で作図した長方形の右下の角をクリックして、Enter キーを押します。

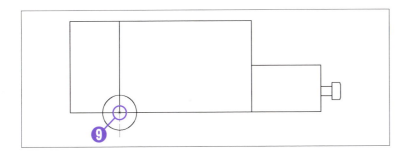

❿ 「ブロック挿入」ダイアログボックスの[名前]で「半円」を選択します。「X:50」「Y：50」と入力して、[OK]をクリックします。円の中心をクリックして、Enter キーを押します。

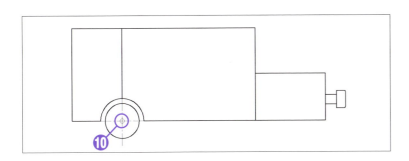

⓫ 「ブロック挿入」ダイアログボックスの[名前]で「直角三角形」を選択します。「X:24」「Y：36」と入力して、[OK]をクリックします。 を選択して円の中心をクリックし、「@ -12,52」と入力して Enter キーを2回押します。

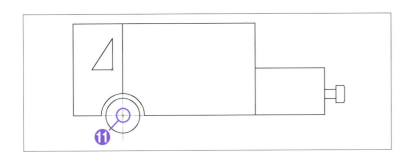

059

⓬ [名前]で「4角R4」を選択します。「X：36」「Y：55」「角度：-90」と入力して[OK]をクリックします。▣を選択して直角三角形の右中央をクリックし、「@ 17,0」と入力して[Enter]キーを2回押します。

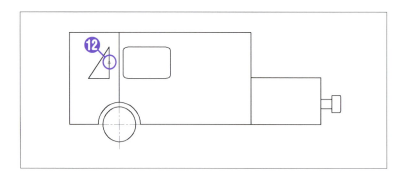

⓭ 「ブロック挿入」ダイアログボックスの[名前]で「4角左中」を選択します。「X：50」、「Y：36」と入力して[OK]をクリックします。▣を選択して⓬で作図した長方形の中央をクリックし、「@ 19,0」と入力して[Enter]キーを押します。

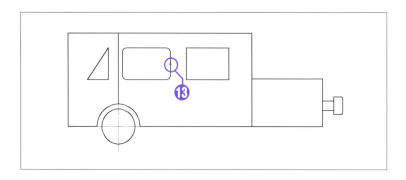

ここまでが、複合アイコンで作図した骨格です。

├── **図面を仕上げる**

この骨格に複写と面取りを使って未完成部分を作図します。

❶ P.58 ❺とこのページの⓭で作図した図形をクリックして選択し、「x」と入力して[Enter]キーを押して分解します。
❷ 「CP」(▣)と入力し、[Enter]キーを押します。円と半円を選択して、[Enter]キーを押します。円の中心をクリックして、P.58 ❺で描いた長方形の右下の角をクリックして、[Enter]キーを押します。

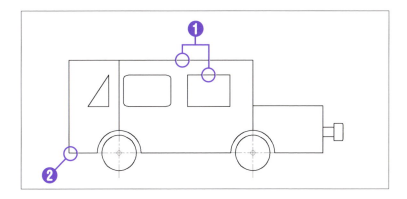

❸ 「CHA」（▱）と入力し、Enter キーを押します。「D」と入力して Enter キーを押し、「45」と入力して Enter キーを押します。「51」と入力して Enter キーを押し、面取りをする右上角の2線をクリックして Enter キーを押します。

❹ 「D」と入力して Enter キーを押し、「23」と入力して Enter キーを押し、「27」と入力して Enter キーを押し内側の長方形の右上角の2線をクリックして、Enter キーを押します。

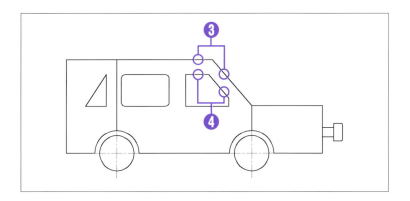

メモ

今回の説明図は完成までに12枚の図を使いました。以後複合アイコンは、直接組み立てながら作図するので、中間図形をカットします。

2-06 マルチラインスタイル管理で複合アイコンを作成する（AutoCAD専用コマンド）

ブロック定義で登録できる図形には限界があります。たとえば、図形の連続作図、複数の平行線に対しては効率に問題があります。そこで、AutoCADではマルチラインスタイル管理、AutoCAD LTでは2重線を使った複合アイコンも作成します。

作図方法と作図例

マルチラインスタイル管理の構成は、キャップ、オフセット、色、線種などを設定して作成します。

❶「MLSTYLE」（ ）と入力し、Enter キーを押します。［マルチラインスタイル］ダイアログボックスが表示されます。

❷［新規作成］をクリックすると、［新しいマルチラインスタイルを作成］ダイアログボックスが表示されます。

❸［新しいスタイル名］に「A」と入力し、［継続］をクリックします。

❹ ［新しいマルチラインスタイル：A］ダイアログボックスが表示されます。
❺ ［オフセット］は、汎用性を考慮して「0.5 ,-0.5」に設定します。
❻ ［外側円弧］にある［終了］にチェックを付けて、［OK］をクリックします。

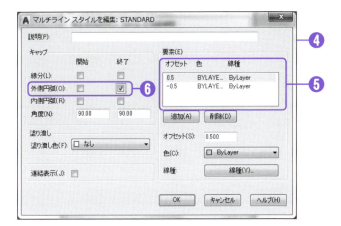

❼ ［マルチラインスタイル］ダイアログボックスに戻ります。［プレビュー—A］に作図した図形が表示されます。［OK］をクリックすると、図形が登録されます。

同じ手順で、次の設定でマルチラインスタイル B～H までを作成します。

▼ 新しいスタイル名：「B」

キャップ	開始	終了
線分	☐	☑
外側円弧	☑	☐

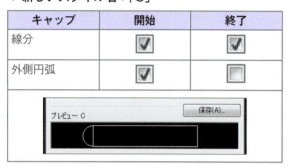

▼ 新しいスタイル名：「C」

キャップ	開始	終了
線分	☑	☑
外側円弧	☑	☐

▼ 新しいスタイル名：「D」

キャップ	開始	終了
線分	☐	☐
外側円弧	☑	☑

▼ 新しいスタイル名：「E」

キャップ	開始	終了
線分	☑	☑
外側円弧	☑	☑

▼ 新しいスタイル名:「F」

キャップ	開始	終了
線分	✓	✓
外側円弧	☐	☐
連結表示	✓	
プレビュー: F　　　　　　　保存(A)...		

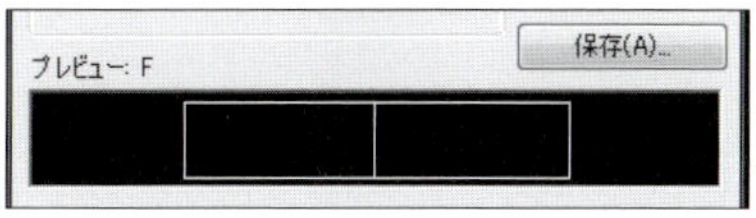

▼ 新しいスタイル名:「G」

キャップ	開始	終了
線分	☐	☐
外側円弧	☐	☐
プレビュー: G　　　　　　　保存(A)...		

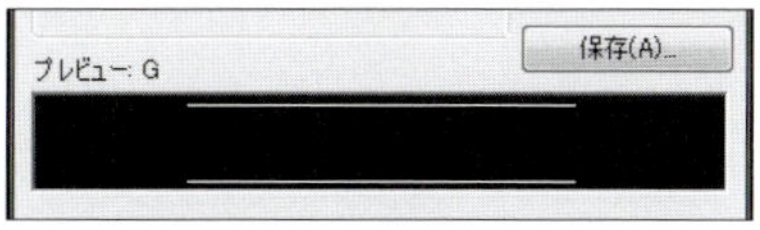

▼ 新しいスタイル名:「H」

キャップ	開始	終了
線分	✓	✓
外側円弧	☐	☐
プレビュー: H　　　　　　　保存(A)...		

マルチラインスタイルを利用した作図例

▼ 作図寸法

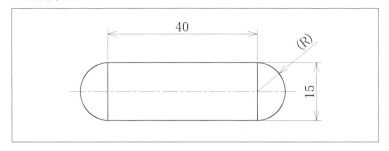

マルチラインスタイルを使って、上図を作図します。

❶ 「ML」（◥）と入力し、[Enter]キーを押します。
❷ 「ST」と入力して[Enter]キーを押し、「E」と入力して[Enter]キーを押します。
❸ 「S」と入力して[Enter]キーを押し、「15」と入力して[Enter]キーを押します。
❹ [F8]キーを押して直交モードをオンにします。任意の点をクリックし、カーソルを右に移動して「40」と入力して[Enter]キーを2回押します。

　マルチラインの長穴は、複合アイコンに比べて縦横比に関係なくRの形状も同時に作図できます。ただし、作図前の設定条件が必要です。図形によっては、かえって効率の低下につながります。マルチラインの特徴が特に生かされているのがスタイル名「F」の図形です。その他は、作図条件を考慮して利用してください。

2-07 2重線の作図（AutoCAD LT）

AutoCAD LT には、マルチラインスタイル管理のコマンドがありません。そこでマルチラインの代替として 2 重線を使用します。実際にマルチラインで 2 重線を作図してみましょう。

▼ 作図寸法

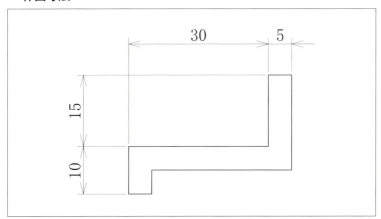

まずは、作図用の設定を行います。

❶ 「DL」（2 重線）と入力し、Enter キーを押します。
❷ 「C」と入力して Enter キーを押し、「B」と入力し、Enter キーを押します。

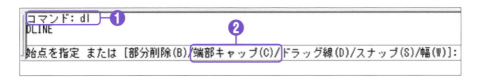

❸ 続けて、「D」と入力して Enter キーを押し、「L」と入力して Enter キーを押します。
❹ 「W」と入力して Enter キーを押し、「5」と入力して Enter キーを押して設定を終了します。
❺ F8 キーを押して直交モードをオンにし、任意の点をクリックします。
❻ カーソルを矢印方向に移動して「10」と入力し、Enter キーを押します。
❼ 続けてカーソルを矢印方向に移動して「30」と入力し、Enter キーを押します。
❽ さらにカーソルを矢印方向に移動して「15」と入力し、Enter キーを 2 回押します。

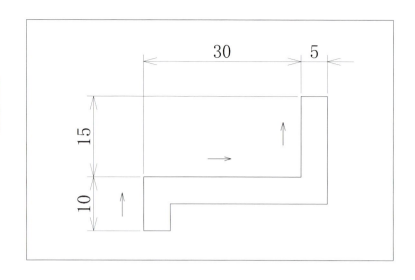

　2重線は、円弧は作成できません。そのため、平行線を連続で作図するときに使用します。作図は単純ですが設定条件が多いので、効率を考慮して利用しましょう。
　複合アイコンに関係するコマンドを一覧表にまとめました。

▼ **複合アイコンで使用する構成コマンド（○印使用可）**

コマンド	AutoCAD	AutoCAD LT			
		2004	2005	2006	2007～2019
ブロック定義	○	○	○	○	○
ブロック挿入	○	○	○	○	○
マルチラインスタイル管理	○	／	／	／	／
マルチライン	○	／	／	／	／
2重線	／	○	○	○	○
既存のコマンド	○	○	○	○	○
オブジェクトスナップトラッキング	○	／	／	／	○
一時トラッキング	○	○	○	○	○
基点設定	○	○	○	○	○
2点間中点	○	／	○	○	○
グリップ編集	○	○	○	○	○
オブジェクトプロパティ管理	○	○	○	○	○

2-08 スライド駒の製図

スライド駒は、同じ角度と幅の平行板と組み合わせて正確に平行移動する部品です。この作例を元に製図法方を比較してみましょう。作図前に画層（P.21～24参照）を設定してから作図を行います。

▼ 完成図と作図寸法

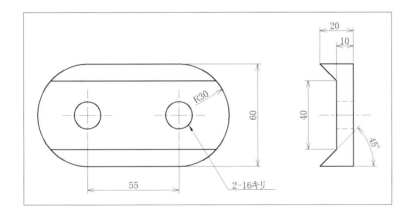

一般的なCAD製図の場合

最初は、一般的に行われている方法で作図します。いろいろな作図方法がありますが、今回は基準線を利用して作図します。画層は「基準線」で作図します（P.21参照）。基準線は、今回は構築線ではなく線分で作図します。

❶ F8 キーを押して直交モードをオンにし、「L」（／）と入力して、Enter キーを押します。
❷ a（長さ：100）、b（長さ：200）、c（長さ：100）線を描きます。

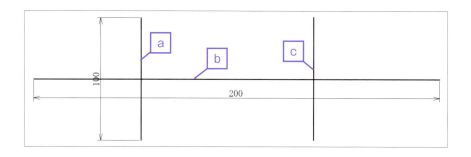

❸ 「O」（ ）と入力し、Enter キーを押します。
❹ 「30」と入力して Enter キーを押します。
❺ 左の縦をクリックし、カーソルを右に移動してクリックします。
❻ 横線をクリックし、上と下でクリックして、上下にオフセットします。Enter キーを 2 回押します。

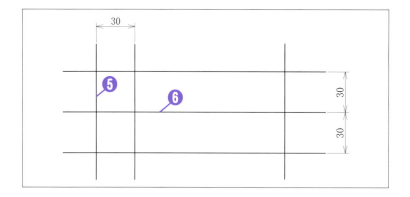

❼ 「55」と入力し、Enter キーを押します。
❽ ❺でオフセットした線をクリックしてカーソルを右に移動してクリックし、Enter キーを 2 回押します。
❾ 「30」と入力し、Enter キーを押します。
❿ ❽でオフセットした線をクリックしてカーソルを右に移動してクリックし、Enter キーを 2 回押します。

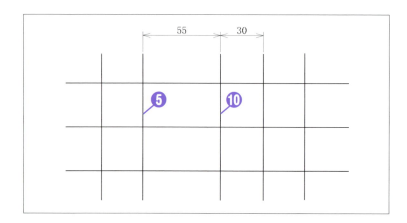

⑪ 「10」と入力し、Enter キーを押します。
⑫ 右の縦線をクリックして、右側と左側クリックします。
⑬ ❻でオフセットした線をクリックして、カーソルを下に移動してクリックします。同様に❻で下にオフセットした線をクリックして、カーソルを上側に移動しクリックします。
⑭ Enter キーを押して終了します。

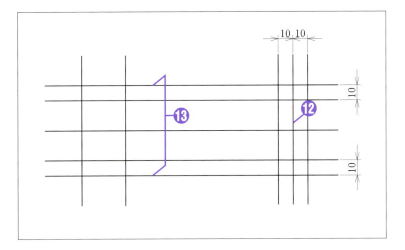

画層を(外形線)に切り替えて作図する

基準線を作図したら、画層を切り替えて外形線を作図します。

❶ 「A」（ ）と入力し、Enter キーを押し、円弧を作成します。
❷ d、e、f 点をクリックして、Enter キーを押し、円弧を作成します。
❸ g、h、i 点をクリックして、反対側にも円弧を作成します。

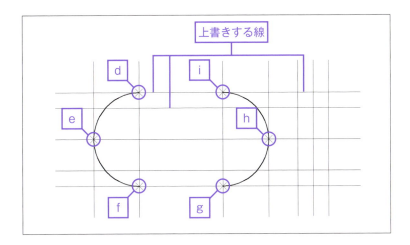

❹ 「L」（ ）と入力し、Enter キーを押します。
❺ 残りの図形を基準線に沿って上書きし、正面図はそのつど Enter キーを2回押して外形線を描きます。側面図は一筆描きをし、Enter キーを押します。

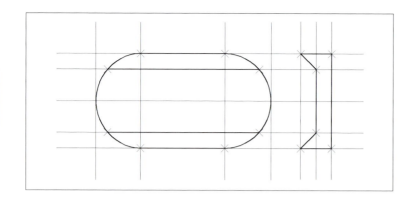

❻ 「C」（◎）と入力し、Enter キーを押します。
❼ j点をクリックして「8」と入力し、Enter キーを2回押します。
❽ k点をクリックして、Enter キーを2回押します。
❾ j点をクリックして、「15」と入力して Enter キーを押します。

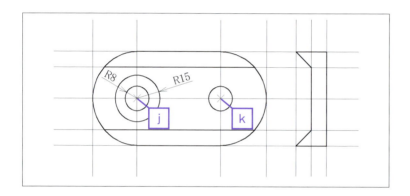

❿ 画層「基準線」を非表示にします。画層コントロールをクリックし、画層リストで「基準線」の💡をクリックして非表示（💡）にします。

メモ

画層のオン／オフは、💡をクリックして切り替えます。
　オフ💡：画層に描いた図形が非表示になります。
　オン💡：画層に描いた図形が画面上に表示され、作図と印刷ができます。

中心線を作図する

画層コントロールリストから「中心線」をクリックして、現在画層を「中心線」にします。

❶ 「L」（☐）と入力し、Enter キーを押します。
❷ R15 を基準に a 点、b 点とクリックして、Enter キーを 2 回押します。
❸ c 点と d 点をクリックし、Enter キーを押して終了します。

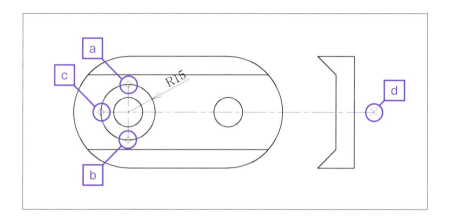

破線を作図する

画層コントロールリストから「破線」をクリックして、現在層を「破線」にします。

❶ 「L」（☐）と入力し、Enter キーを押します。
❷ R8 を基準に e 点と f 点をクリックして、Enter キーを 2 回押します。
❸ g 点、h 点をクリックし、Enter キーを押して終了します。
❹ 「TR」（☐）と入力し、Enter キーを押します。
❺ i 線をクリックし、Enter キーを押します。
❻ 左側の破線 2 本をクリックして Enter キーを押します。

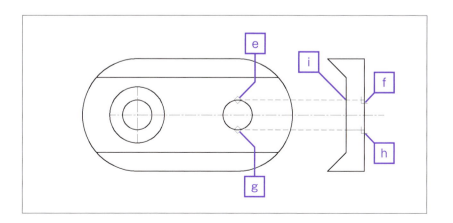

❼ 「BR」（▢）と入力し、Enter キーを押します。
❽ j 点と k 点をクリックして終了します。
❾ R15 の線をクリックして Delete キーを押して削除します。
❿ 円の中心線を l 点に複写します。

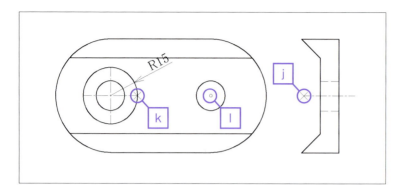

⓫ 「CP」（▢）と入力し、Enter キーを押します。
⓬ 円の中心線 2 本をクリックして Enter キーを押します。
⓭ 円の中心点をクリックして l 点（R8 の中心）をクリックします。AutoCAD の場合は、続けて Enter キーを押します。

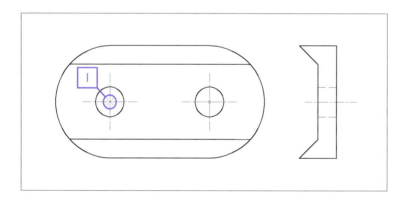

2-09 新CAD製図での作図

　今度は、同じ図を新CAD製図で作図してみましょう。効率に大きく影響を与えている複合アイコンに加えて、グリップ編集を使用することによってコマンドの選択回数も減らします。

新CAD製図で作図する

　使用する複合アイコンの詳細は、P.49～P.56を参照してください。各種の複合アイコンを選択するポイントは、できるだけ図面形状に近いほど効率、操作性に大きく影響を与えます。今回はほぼ類似している長穴を選択します。

❶ 「I」（🖼）と入力し、 Enter キーを押します。
❷ 「ブロック挿入」ダイアログボックスの[名前]で「長穴左」を選択します。
❸ 「X：55」「Y：60」と入力して、[OK]をクリックします。
❹ 任意の点をクリックします。なお、入力寸法の縦横比が違うため、R30が正しく描かれません。

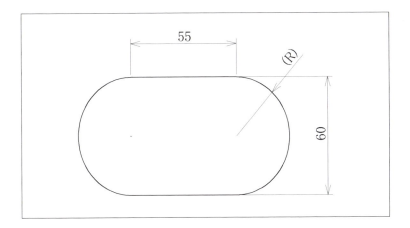

❺ 左右の曲線をR30に変更します。長穴をクリックして選択し、「x」と入力し、 Enter キーを押して分解します。
❻ 長穴をクリックして、 Enter をキー押します。
❼ グリップ編集をします。a点をクリックしてグリップをもう一度クリックします。カーソルを左に水平移動して、「30」（半径寸法）と入力し、 Enter キーを押します。
❽ b点をクリックしてグリップをもう一度クリックします。カーソルを右に水平移動して「30」と入力し、 Enter キー、 Esc キーの順に押します。

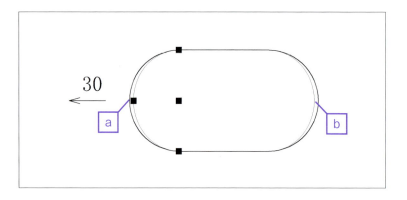

⑨ 側面図を作図します。「I」（📷）と入力し、[Enter]キーを押します。
⑩ 「ブロック挿入」ダイアログボックスの [名前] で [コ] を選択します。
⑪ 「X：10」「Y：40」と入力して、[OK]をクリックします。
⑫ 長穴の円弧の中心にカーソルを近づけると中心点のマークが表示されるので、カーソル線をマークに重ねて右側に移動して任意の点をクリックし、[Enter]キーを押します。
⑬ 「X：20」「Y：60」と入力して、[OK]をクリックします。
⑭ ×をクリックします。

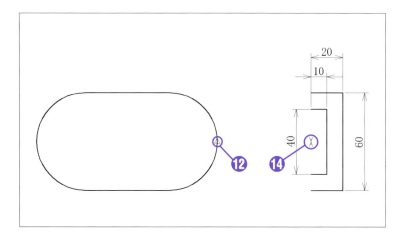

⑮ 「X」（📷）と入力し、[Enter]キーを押します。上図をクリックして、[Enter]をキー押します
⑰ グリップ編集で直線を角度に換えます。c線をクリックして左のグリップをクリックし、赤くなったらd点にクリックします。
⑱ e線をクリックして左のグリップをクリックし、赤くなったらf点にクリックして[Esc]キーを押します。

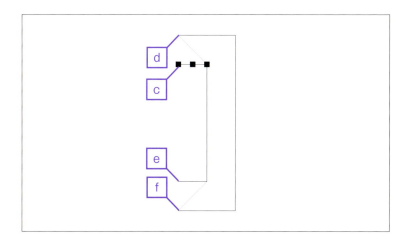

⑲ 「I」（🖼）と入力し、Enter キーを押します。
⑳ 「ブロック挿入」ダイアログボックスの [名前] で「平行」を選択します。
㉑ 「X：120」（長めに設定します）、「Y：40」と入力して [OK] をクリックします。
㉒ 長穴の左側円弧の中点をクリックします。
㉓ 平行線をクリックして選択し、「x」と入力して Enter キーを押して分解します。
㉔ 「TR」（⊬）と入力し、Enter キーを押します。
㉕ 長穴を選択して、Enter キーを押します。円弧からはみ出ている平行線をクリックしてトリムします。Enter キーを押してコマンドを終了します。

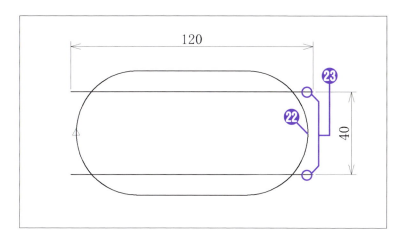

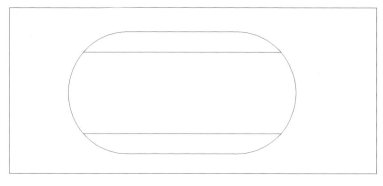

穴を作図する

❶ 「I」（🖼）と入力し、[Enter]キーを押します。
❷ 「ブロック挿入」ダイアログボックスの[名前]で「円」を選択します。
❸ 「X：16」と入力し、[分解]をクリックしてチェックを付けて[OK]をクリックします。
❹ 左の円の中心点をクリックして、[Enter]キーを押します。
❺ 「X：16」と入力して、[OK]をクリックします。
❻ 右の円の中心点をクリックして、[Enter]キーを押します。

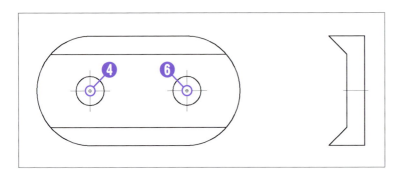

❼ 「ブロック挿入」ダイアログボックスの[名前]で「平行破線中心」を選択します。
❽ 「X：10」と入力します。[分解]と[XYZ尺度を均一に設定]のチェックを外し、「Y：16」と入力して[OK]をクリックします。
❾ 側面図の左側垂線の中点をクリックします。
❿ 製作図用に寸法を記入します。

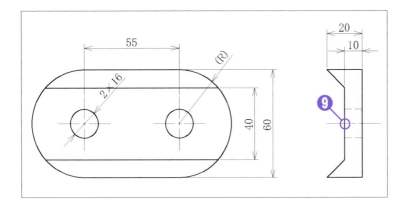

実際に操作をしてみると、使用コマンド数と作図時間が比例していることがわかります。一般的な製図方法とくらべ、新CAD製図法が大幅に作図時間を短縮できた要因は、

- 作図操作が簡単で分かりやすい。
- コマンドの使用回数を大幅に削減できた。
- 組み立てながら作図するため、連続作図を可能にした。

といったことが挙げられます。下記の左図は従来の描き方の例で、右図は新CAD製図での描き方です。

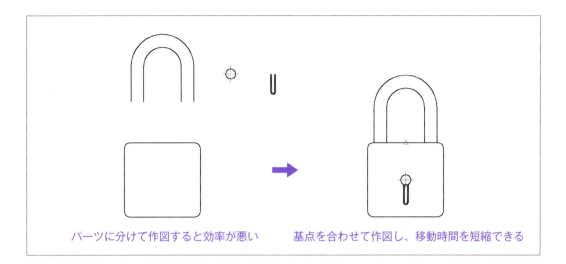

パーツに分けて作図すると効率が悪い　　基点を合わせて作図し、移動時間を短縮できる

第3章
効率アップのテクニック

3-01 ロボットを作図する

　ここからは、実際に作図しながら効率アップのテクニックを紹介します。最初に、全体を確認しましょう。

　ここでは、次のようなロボットを作図します。部分ごとに作図していきますが、最初に全体を確認しておきましょう。

▼ 完成図

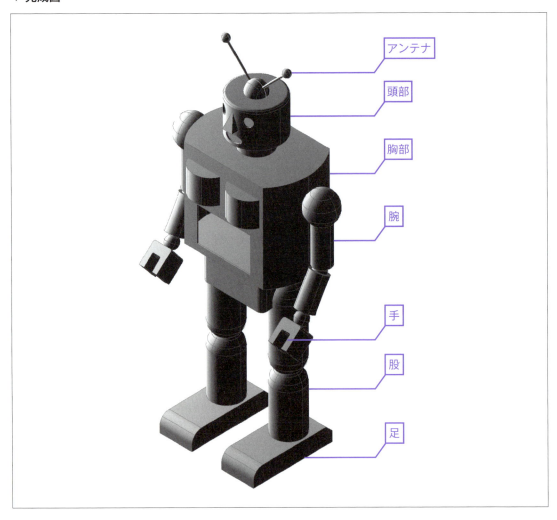

3-02 ロボットのアンテナ部分を作図する

ロボットの作図を始めます。最初に頭部のアンテナ部分を作図します。

▼作図寸法

アンテナ

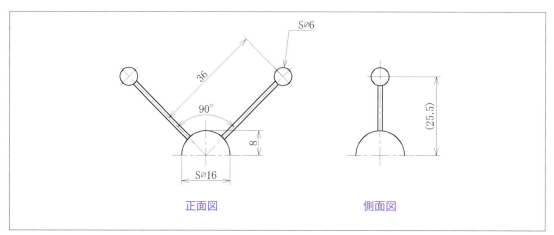

正面図　　　　側面図

アンテナ台を作図する

アンテナ台では、半円と中心線を同時に作図します。事前に設定条件 (P.20 〜 23 参照) をセットしてから作図を行いましょう。

❶ 「I」(🔲) と入力し、 Enter キーを押します。
❷ 「ブロック挿入」ダイアログボックスの [名前] で「半円」を選択します。
❸ 「X:16」と入力して [分解] をクリックしてチェックを付け、[OK] をクリックして任意の点をクリックします。
❹ 「CP」(🔲) と入力し、 Enter キーを押します。
❺ 図形を選択して、 Enter キーを押します。
❻ 半円の中心をクリックし、 F8 キーを押して直行モードをオンにし、カーソルを右に移動して任意の点をクリックします。AutoCAD の場合は、続けて Enter キーを押します。

アンテナの正面図を作図する

❶ 「I」（🖼）と入力し、Enterキーを押します。
❷ 「ブロック挿入」ダイアログボックスの[名前]で「コ中心」を選択します。
❸ 「X:36」と入力して[分解]と[XYZの尺度を均一に設定]のチェックを外し、「Y:1.5」と入力します。
❹ 「角度:45」と入力して、[OK]をクリックします。
❺ 半円の中心をクリックします。
❻ コの図形をクリックして選択し、「x」と入力してEnterキーを押して分解します。

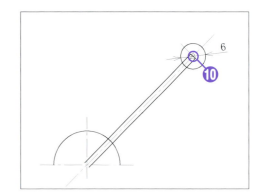

❼ 「I」（🖼）と入力し、Enterキーを押します。
❽ 「ブロック挿入」ダイアログボックスの[名前]で「円」を選択します。
❾ 「X:6」「角度:45」と入力して[分解]にチェックを付け、[OK]をクリックします。
❿ コの図形の右上中央（中点にスナップ）をクリックします。

⓫ 「TR」（✂）と入力し、Enterキーを押します。
⓬ 図形全体を囲んでEnterキーを押します。
⓭ 不要な線を削除し（a、b、c、d）、Enterキーを押します。

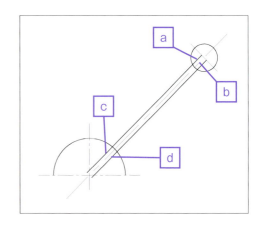

⑭ 2重になっている中心線をクリックして、Deleteキーを押して削除します。

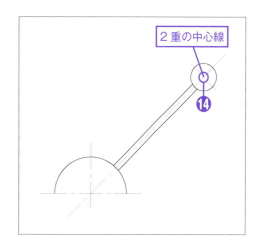

配列複写で作図する

追加するアンテナは配列複写で作図します。

❶ 「AR」(　) と入力し、Enterキーを押します。[配列複写] ダイアログボックスが表示されます。
❷ 円形配列複写を選択します。
❸ [複写の回数] に「3」と入力します。
❹ [全体の複写角度] に「90」と入力します。
❺ [オブジェクトを選択] をクリックします。
❻ アンテナを選択して、Enterキーを押します。
❼ [中心点] をクリックし、半円の中心をクリックします。
❽ [OK] をクリックします。

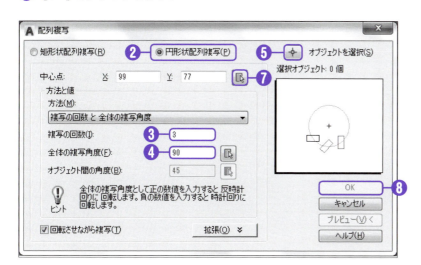

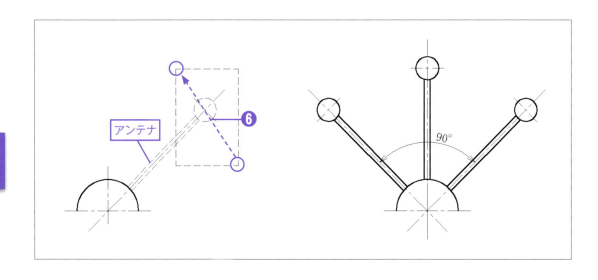

> **メモ**
>
> 「配列複写」ダイアログボックスは、バージョンによって次の方法で表示できます。
> ・メニューバーの［修正］→［配列複写］をクリック
> ・［ホーム］リボンの［修正］→ をクリック
> ・ショートカットキー「:AR」を利用する
> ・「ARRAYCLASSIC」コマンドを利用する

アンテナの長さを調整する

ストレッチコマンドを利用して、中央のアンテナを縮めます。

❶ 「S」( ) と入力し、Enter キーを押します。
❷ 半円を除いて中央のアンテナを右下から左上をクリックして囲み、Enter キーを押します。
❸ 垂線上の円の中心をクリックし、カーソルを下に移動して (スナップの中点に重ねる)、「10.5」と入力して Enter キーを押します。

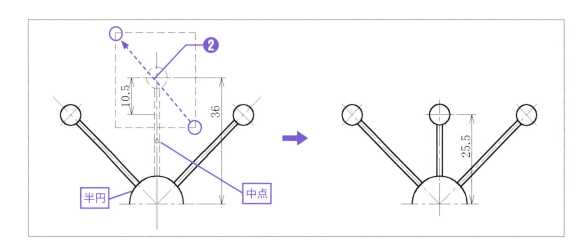

側面図を作図する

▼ 作図寸法

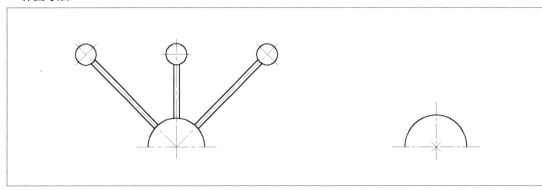

① 「M」(✥) と入力し、Enter キーを押します。
② 半円を除いて中央のアンテナを右下から左上をクリックして囲み、Enter キーを押します。

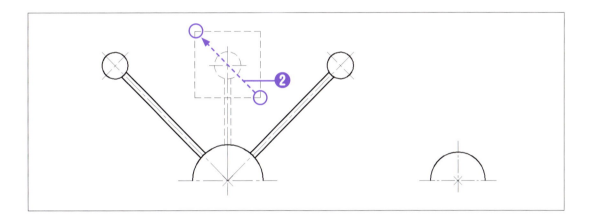

③ 正面図の半円の中心をクリックし、側面図の半円の中心をクリックして終了します。

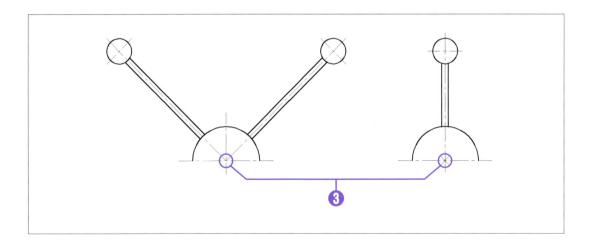

3-03 ロボットの頭部を製図する

頭部の作図は正面図の外形線を基準に、側面図と目、鼻、口をかきます。

▼作図寸法

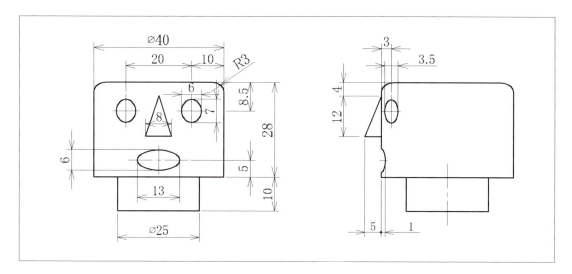

頭部の外形線を作図する

① `F8` キーを押して直行モードをオンにし、「I」（ 📷 ）と入力して `Enter` キーを押します。
② 「ブロック挿入」ダイアログボックスの [名前] で「4角R2」を選択します。
③ 「X:40」「Y:28」と入力して、[OK] をクリックします。
④ 任意の点をクリックして、`Enter` キーを押します。

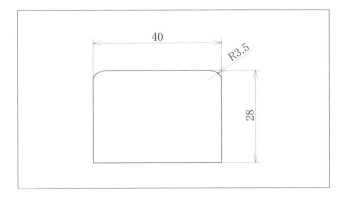

❺ 寸法線をクリックして選択し、「x」と入力して Enter キーを押して分解します。
寸法が自動的に表示されます。
❻ 「DIMTEDIT」(▣) と入力して Enter キーを押し、寸法の位置を調整します。

メモ

ここからは、「寸法線」画層を非表示から表示に切り替えて進めます。作図後、手順❺❻の行程を行って寸法表示と位置の調整や重複した寸法を削除します。

❼ 「ブロック挿入」ダイアログボックスの [名前] で「4角中上」を選択します。
❽ 「X:25」「Y:10」と入力して、[OK] をクリックします。
❾ a点をクリックして終了します。

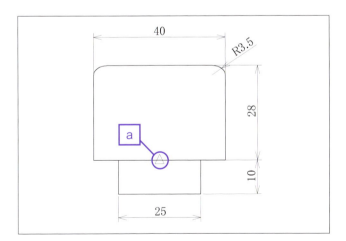

メモ

複合アイコンを使用して終了したときにもう一度 Enter キーを押すと、コマンドがくり返し実行され、「ブロック挿入」ダイアログボックスが表示されます。

頭部を製図する

　頭部を作図します。頭部の正面図と側面図の高さ、幅が同形であれば新たに作図せずに、コピーしたほうが効率よく作図できます。

❶ 「CP」（ ）と入力し、Enter キーを押します。
❷ 正面図を選択して、Enter キーを押します。
❸ 図形の中央をクリックして、任意の点をクリックします。AutoCAD の場合は、続けて Enter キーを押します。

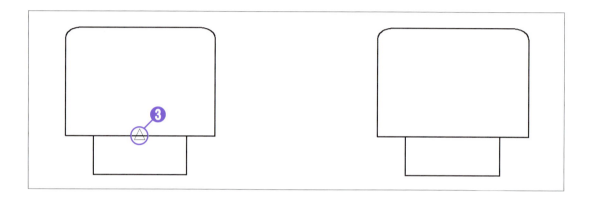

❹ 「I」（ ）と入力し、Enter キーを押します。
❺ 「ブロック挿入」ダイアログボックスの [名前] で「円」を選択します。
❻ 「X:6」「Y:7」と入力して、[OK] をクリックします。
❼ を選択して、c 点をクリックします。
❽ 「@10,-8.5」と入力して、Enter キーを 2 回押します。
❾ 「ブロック挿入」ダイアログボックスの「X:13」「Y:6」と入力して、[OK] をクリックします。
❿ を選択して a 点をクリックします。
⓫ 「@0,5」と入力して、Enter キーを 2 回押します。

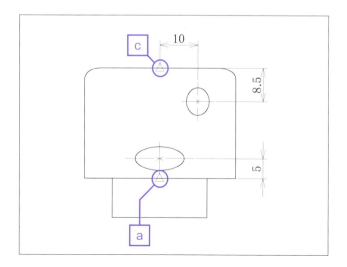

⑫ 続けて「X:3.5」「Y:7」と入力して、[OK] をクリックします。
⑬ 🔲を選択して、d 点をクリックします。「@3,19.5」と入力して、Enter キーを 2 回押します。

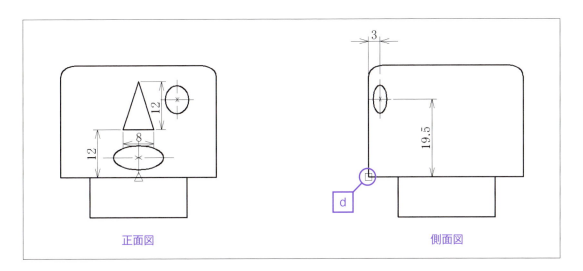

鼻と口を作図する

❶ 「I」と入力して、Enter キーを押し、「ブロック挿入」ダイアログボックスの [名前] で「三角形」を選択します。
❷ 「X:8」「Y:12」と入力して、[OK] をクリックします。
❸ 🔲を選択し、a 点をクリックします。「@0,12」と入力して、Enter キーを 2 回押します。

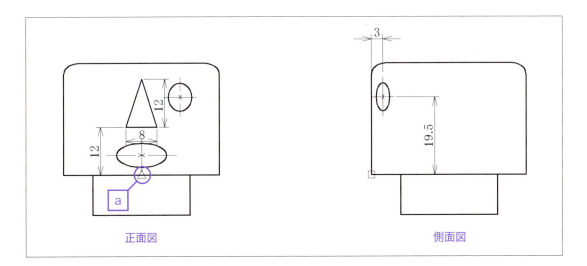

❹ 「ブロック挿入」ダイアログボックスの［名前］で「直角三角形」を選択します。
❺ 「X:5」「Y:12」と入力して、[OK] をクリックします。
❻ を選択して、d 点をクリックします。「@0,12」と入力して Enter キーを2回押します。
❼ 「ブロック挿入」ダイアログボックスの [名前] で「半円」を選択します。
❽ 「X:6」「Y:2」と入力します。「角度 :-90」と入力して、[OK] をクリックします。
❾ を選択して、d 点をクリックします。「@0,5」と入力して、Enter キーを押します。

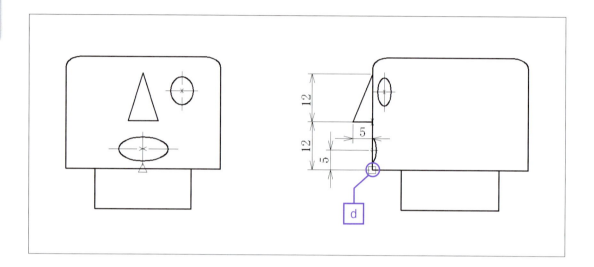

❿ e 線、f 線をクリックして選択し、「x」と入力して Enter キーを押して分解します。
⓫ 「TR」( ) と入力し、Enter キーを押します。
⓬ 円弧をクリックして Enter キーを押し、くち部分の不要線を削除して Enter キーを押します。
⓭ 「CP」( ) と入力し、Enter キーを押します。
⓮ g の楕円を選択して、Enter キーを押します。
⓯ g 点をクリックして「@-20,0」と入力し、Enter キーを押します。AutoCAD の場合は続けて Enter キーを押します。

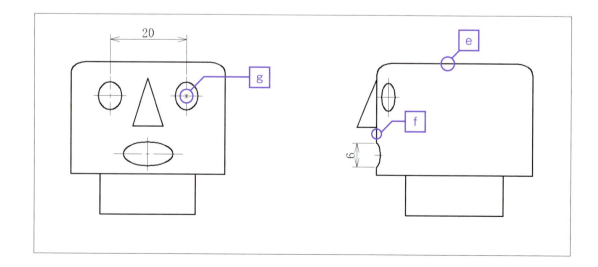

3-04 ロボットの胸部を製図する

　胸部は 3 面図をかきます。基準は平面図の外形線とします。それぞれの位置は効率を考慮して長くしたカーソル線で合わせます。

▼ 作図寸法

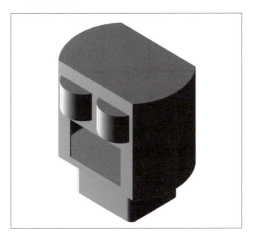

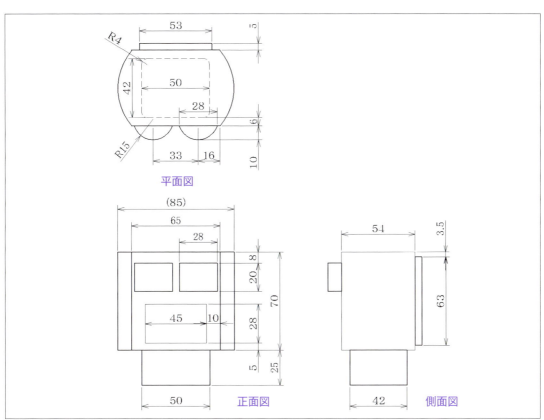

ロボットの胸部を作図する

外形線を基準に胸と腹を描きます。

❶ 「I」(📷) と入力し、Enter キーを押します。
❷ 「ブロック挿入」ダイアログボックスの [名前] で「平行」を選択します。
❸ 「X:65」「Y:54」と入力して、[OK] をクリックします。
❹ 任意の点をクリックします。Enter キーを押して、「I」コマンドを再実行します。

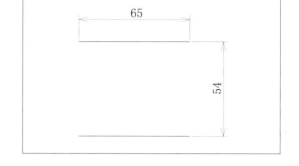

❺ 「ブロック挿入」ダイアログボックスの [名前] で「平行縦」を選択します。
❻ 「X:85」「Y:54」と入力して [OK] をクリックし、横の平行線の下線の中点をクリックします。
❼ 入力寸法を表示します。

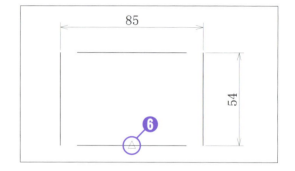

❽ 「A」(🖊) と入力し、Enter キーを押します。
❾ b点 c点 d点の順にクリックして Enter キーを押し、続けて e点、f点、g点をクリックします。

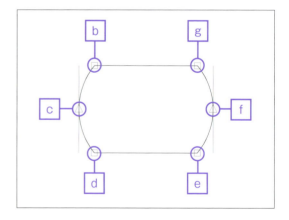

❿ 縦の平行線をクリックし、Delete キーを押して削除します。

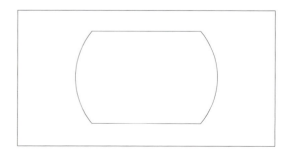

⑪ 「I」(📷) と入力し、Enter キーを押します。
⑫ 「ブロック挿入」ダイアログボックスの [名前] で「4角左上」を選択します。
⑬ 「X:85」「Y:70」と入力して、[OK] をクリックします。
⑭ 位置決めは AutoCAD の場合は、平面図の左側中央にカーソルの交点を重ねてトラッキング線にそって下に垂直移動し、任意の点をクリックします。LT の場合は、トラッキングで平面図の左側中央をクリックしてカーソルを下に垂直移動し、任意の点をクリックして Enter キーを押します。

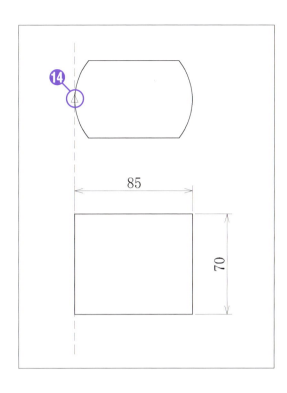

⑮ 「X:54」「Y:70」と入力して、[OK] をクリックします。
⑯ 正面図の上の線にカーソル線を重ねて任意の点をクリックします。Enter キーを押して、「I」コマンドを再実行します。
⑰ 「ブロック挿入」ダイアログボックスの [名前] で「4角中上」を選択します。
⑱ 「X:50」「Y:25」と入力して、[OK] をクリックします。
⑲ 正面図の下の線の中点をクリックします。

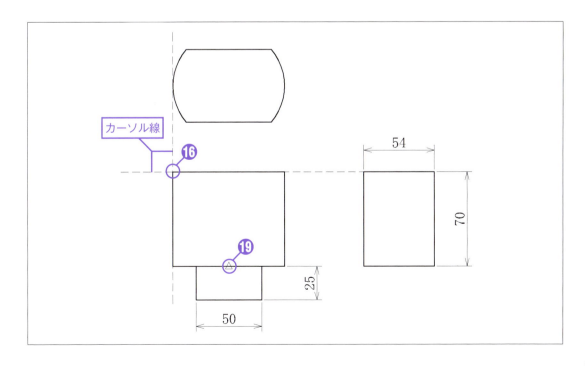

⑳ 入力寸法を表示します。寸法線の画層をオフ (💡) からオン (💡) に切り替えます。

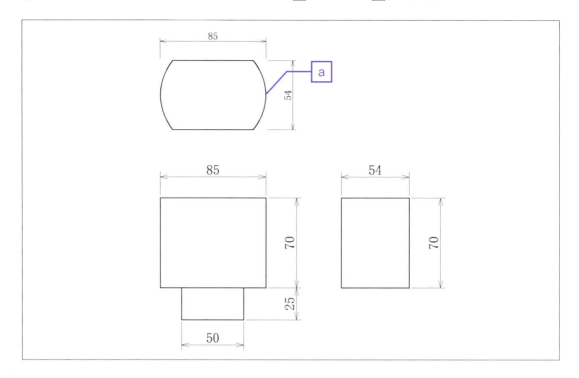

側面図を作図する

側面図を作図します。それぞれの図形位置は、できるだけ複合アイコンの基点とあわせて組み立ててから作図します。

❶ 「I」(📷) と入力し、Enter キーを押します。
❷ 「ブロック挿入」ダイアログボックスで「X:42」「Y:25」と入力して、[OK] をクリックします。
❸ 長方形の下の線の中点をクリックします。Enter キーを押して、「I」コマンドを再実行します。
❹ 「ブロック挿入」ダイアログボックスの [名前] で「4角左中」を選択します。
❺ 「X:5」「Y:63」と入力して、[OK] をクリックします。
❻ 長方形の右の線の中点をクリックします。Enter キーを押して、「I」コマンドを再実行します。

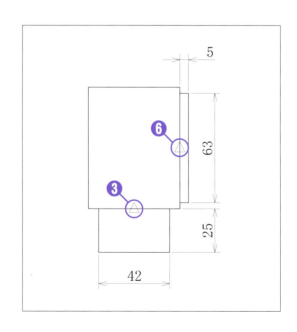

❼ 「ブロック挿入」ダイアログボックスの[名前]で「4角右中」を選択します。
❽ 「X:10」「Y:20」と入力して、[OK]をクリックします。
❾ を選択して上部の長方形の左上角をクリックし、「@0, -18」と入力して Enter キーを押します。

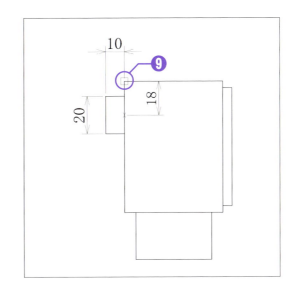

❿ 入力寸法を表示します。

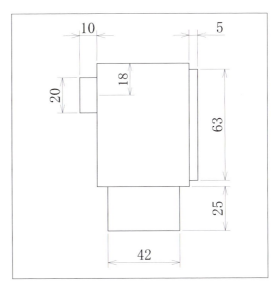

平面図を追加作図する

❶ 「I」( ) と入力し、 Enter キーを押します。
❷ 「ブロック挿入」ダイアログボックスの「ブロック」[名前]で「4角中下」を選択します。
❸ 「X:53」「Y:-5」と入力して、[OK]をクリックします。
❹ 平面図の上の線の中点をクリックします。 Enter キーを押して、「I」コマンドを再実行します。

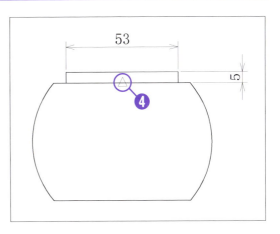

❺ 「ブロック挿入」ダイアログボックスの[名前]で「4角R4」を選択します。
❻ 「X:50」「Y:42」と入力して、[OK]をクリックします。
❼ を選択して、平面図の下の線の中点をクリックします。「@0,6」と入力して、Enterキーを押します。
❽ 実線を破線に変換します。

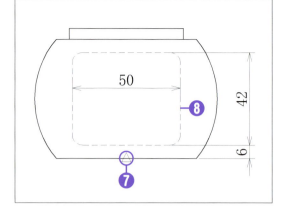

❾ 入力寸法を表示します。

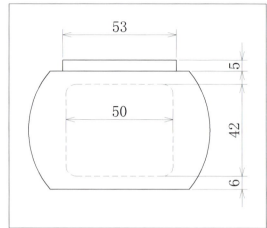

メモ

4角R4は、事前に4角R2を参考に登録しておきます。Rの形状は、寸法の縦横比が同じ条件で作図しました。寸法の比が違う場合は、Rの形状がくずれるので、デザインとして用いると効果的です。

乳部を作図する

① 「I」と入力し、Enter キーを押します。
② 「ブロック挿入」ダイアログボックスの[名前]で「四角中上」を選択します。
③ 「X:28」「Y:10」と入力して、[OK]をクリックします。
④ を選択して、平面図の右の円弧の中央をクリックします。「@-26,-27」と入力して、Enter キーを押します。
⑤ 「A」と入力し、Enter キーを押します。
⑥ a点、b点、c点の順にクリックして、コマンドを終了します。

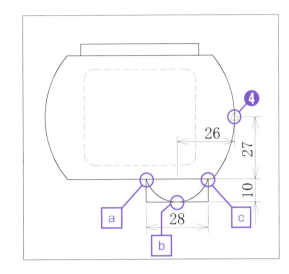

⑦ 不要な線をクリックして選択し、Delete キーを押して削除します。
⑧ 「MI」と入力して、Enter キーを押します。
⑨ 円弧を選択して Enter キーを押し、a点、平面図の上下の線の中点をクリックして Enter キーを押します。

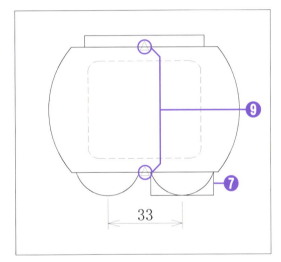

⑩ 入力寸法を表示します。

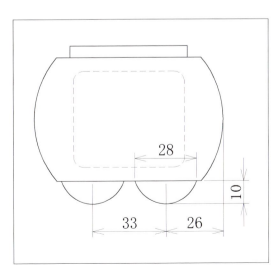

正面図を追加作図する

1. 「I」と入力し、Enter キーを押します。
2. 「ブロック挿入」ダイアログボックスの[名前]で「四角中下」を選択します。
3. 「X:45」「Y:28」と入力して、[OK]をクリックします。
4. を選択して、上部の長方形の下線の中点をクリックします。「@0,5」と入力して、Enter キーを押します。もう一度 Enter キーを押し、「I」コマンドを再実行します。

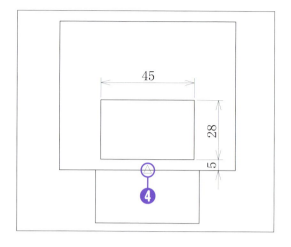

5. 「ブロック挿入」ダイアログボックスの[名前]で「平行縦」を選択します。
6. 「X:65」「Y:70」と入力して、[OK]をクリックします。
7. 上部の長方形の下線の中点をクリックして、Enter キーを押します。
8. [名前]で「四角中上」を選択します。
9. 「X:28」「Y:20」と入力して、[OK]をクリックします。
10. を選択して、上部の長方形の右上の端点をクリックします。「@-26,-8」と入力して、Enter キーを押します。

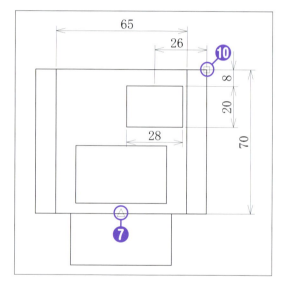

11. 「MI」と入力して、Enter キーを押します。d 線を選択して Enter キーを押し、上部の長方形の上下線の中点をクリックして Enter キーを押します。
12. 入力寸法を表示します。

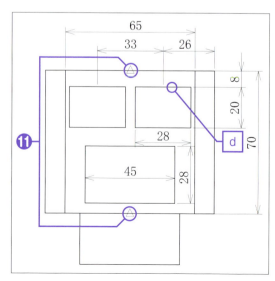

3-05 ロボットの腕を作図する

　曲がっている腕は、関節と手の部分で構成されています。傾いた図形と同時に基点を合わせて直接作図します。

▼ 作図寸法

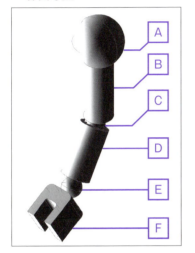

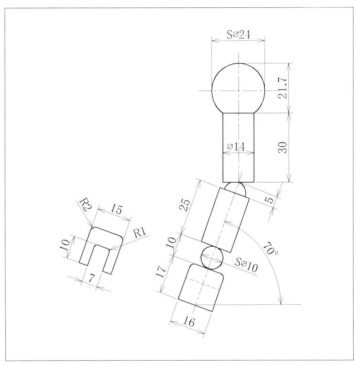

3章　効率アップのテクニック

A(肩)を作図する

　腕部分を作図していきます。まずは、A の肩の部分を作図します。

1. 「I」(🔲) と入力し、Enter キーを押します。
2. 「ブロック挿入」ダイアログボックスの [名前] で「線点」を選択します。
3. 「X:14」「Y:21.7」と入力して [OK] をクリックし、任意の点をクリックします。

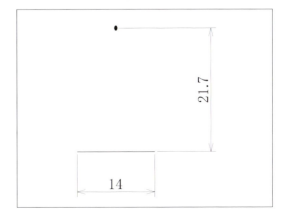

101

④ 「A」（ ）と入力し、Enter キーを押します。
⑤ a点、b点、c点の順にクリックします。

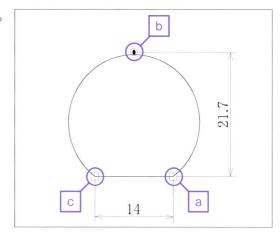

B(腕)を作図する

① 「I」（ ）と入力し、Enter キーを押します。
② 「ブロック挿入」ダイアログボックスの[名前]で「4角中上」を選択します。
③ 「X:14」「Y:30」と入力して[OK]をクリックし、d点をクリックします。

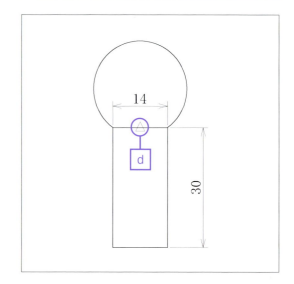

C(球)を作図する

　C～Fの部分は、図形が傾いています。そのため、傾いた図形が描きやすいようにクロスヘアカーソルの設定を変更します。

├── **傾いている図形の対応**
　クロスヘアカーソルを図形の傾きに合わせて作図します。最初にカーソルを図形に合わせて傾けます。
　[ツール]メニューの[UCS]→[Z軸回転]をクリックして「-20」と入力し、Enter キーを押します。

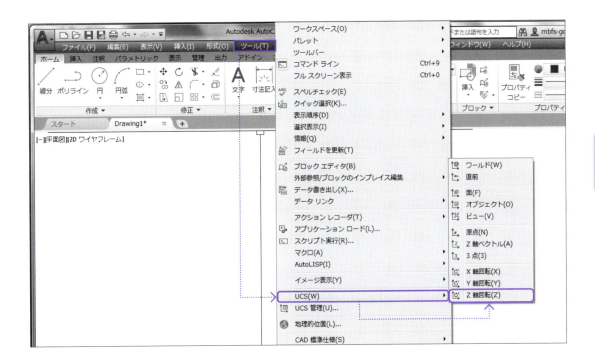

　設定が済むと、下図のようにカーソルが傾きます。腕部分（C～F）の作図が終わるまで、傾けたままにします。

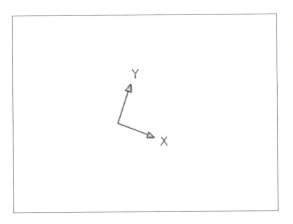
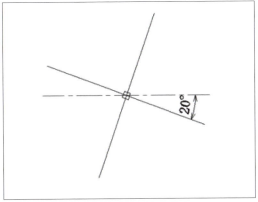

├── クロスヘアカーソルの長さの変更

　続いて、クロスヘアカーソルの長さを「50」に設定し、基準線として使用します。クロスヘアカーソルは、マウスの動きに合わせて操作します。また、基準線にカーソルを重ねて基点を決めることもできます。

❶ [オプション]ダイアログボックスの[表示]をクリックします。
❷ クロスヘアカーソルのサイズを「50」にし、[OK]をクリックして終了します。

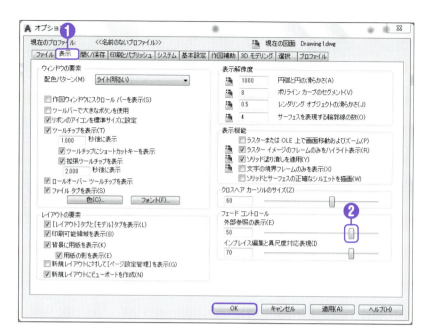

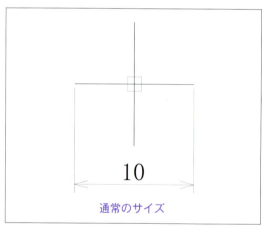

通常のサイズ

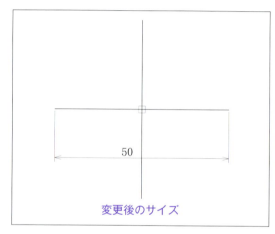

変更後のサイズ

├── **球を作図する**

カーソルの傾きと長さの設定が済んだら、球を作図します。

❶ 「I」（🖼）と入力し、Enter キーを押します。
❷ 「ブロック挿入」ダイアログボックスの [名前] で「半円」を選択します。
❸ 「X:10」と入力し、[XYZ 尺度を均一に設定] をクリックしてチェックを付け、[OK] をクリックします。
❹ 🖼 を選択し、長方形の下の線の中点をクリックして「@0,-5」と入力し、Enter キーを押します。

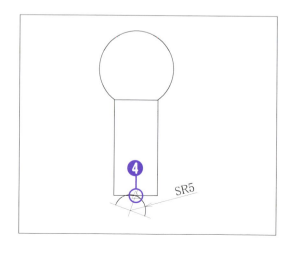

D(腕)を作図する

❶ 「I」と入力して Enter キーを押し、「ブロック挿入」ダイアログボックスの[名前]で「4角中上」を選択します。
❷ 「X:14」と入力し、[XYZ尺度を均一に設定]をクリックしてチェックを外し、「Y:25」と入力して[OK]をクリックします。
❸ 円弧の下線の中点をクリックして、Enter キーを押します。
❹ 「ブロック挿入」ダイアログボックスの[名前]で「円」を選択します。
❺ 「X:10」と入力し、[XYZ尺度を均一に設定]をクリックしてチェックを付けて[OK]をクリックします。
❻ を選択し、下部の長方形の下線の中点をクリックして「@0,-5」と入力し、Enter キーを押します。

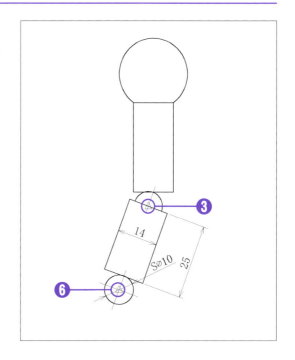

F(手)を作図する

❶ 「I」と入力して Enter キーを押し、「ブロック挿入」ダイアログボックスの[名前]で「4角R2」を選択します。
❷ 「X:16」と入力し、[XYZ尺度を均一に設定]をクリックしてチェックを外し、「Y:17」と入力して[OK]をクリックします。
❸ を選択し、円の下点をクリックして「@0,-17」と入力して Enter キーを2回押します。
❹ 「X:15」「Y:17」と入力して、[OK]をクリックします。
❺ カーソル線を長方形の下線に重ねて、左側に任意の点をクリックして Enter キーを押します。
❻ 「X:7」「Y:10」と入力して[OK]をクリックします。
❼ 左の長方形の下線の中点をクリックします。

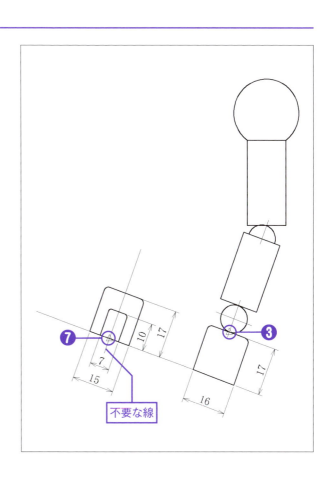

不要な線を削除する

① 左側面図を選択して「X」と入力し、Enter キーを押して分解します。
② 左側の図にある不要な線をトリムと削除で取り除きます。
③ [画層]を「破線」に設定します。
④ 「L」(◢) と入力し、Enter キーを押します。
⑤ カーソル線を a 線に重ね、b 点（近接点スナップ）をクリックして c 点（垂線スナップ）をクリックし、Enter キーを押します。

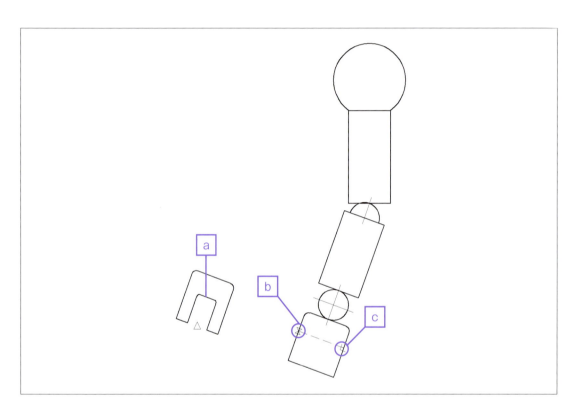

3-06 足を作図する

　次に、足部分を作図します。作図寸法を確認してください。最初に、傾けたカーソルを水平に戻します。作図は、複合アイコンを中心に各基点を用いて組み合わせます。

▼作図寸法

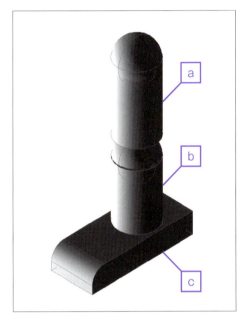
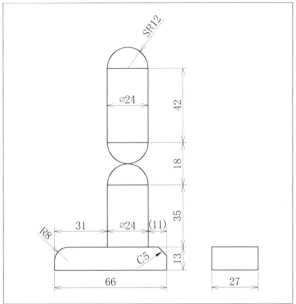

カーソルを元に戻す

　ロボットの足部分を作図します。作図を始める前に、P.102 で傾けたカーソルを元に戻しましょう。

1. 「UCS」と入力し、Enter キーを押します。
2. 「W」と入力し、Enter キーを押すとカーソルの傾きが戻ります。

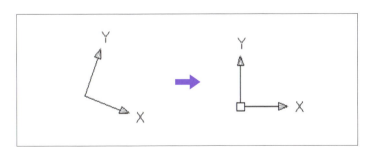

AとBの足を作図する

❶ 「I」（🖼）と入力し、Enter キーを押します。
❷ 「ブロック挿入」ダイアログボックスの［名前］で「4角中上」を選択します。
❸ 「X:24」「Y:42」と入力して、[OK]をクリックします。
❹ 任意の点をクリックします。Enter キーを押します。
❺ 「X:24」「Y:35」と入力して、[OK]をクリックします。
❻ 🖼を選択して長方形の下線の中点をクリックし、「@0,-24」と入力して Enter キーを押します（ボールの直径分開けます）。もう一度 Enter キーを押します。

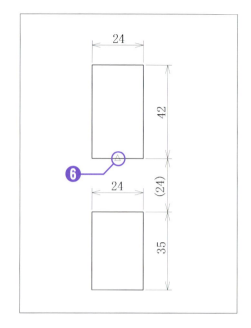

❼ 「ブロック挿入」ダイアログボックスの［名前］で「半円」を選択します。
❽ 「X:24」と入力し、[XYZ尺度を均一に設定]をクリックしてチェックを付けて[OK]をクリックします。
❾ 上部の長方形の上線の中点をクリックして、Enter キーを押します。
❿ 「X:24」と入力して、[OK]をクリックします。
⓫ 下部の長方形の上線の中点をクリックして、Enter キーを押します。
⓬ 「X:24」「角度:180」と入力して、[OK]をクリックします。
⓭ 長方形の下線の中点をクリックします。

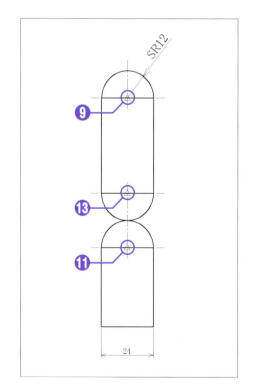

Cの足を作図する

Cの部分は、正面図と側面図を並行して作図します。

❶ 「I」と入力して Enter キーを押し、「ブロック挿入」ダイアログボックスの [名前] で「4角左上」を選択します。
❷ 「X:66」「Y:13」と入力して、[OK] をクリックします。
❸ ▭ を選択して中部の長方形の左下角をクリックし、「@-31，0」と入力して Enter キーを2回押します。
❹ 「X:28」「Y:5」と入力し、[OK] をクリックします。
❺ カーソル線を下部の長方形の上線に重ねて、右に任意の点をクリックして Enter キーを押します。
❻ 「X:28」「Y:8」と入力して [OK] をクリックし、右部の長方形の左下角をクリックします。

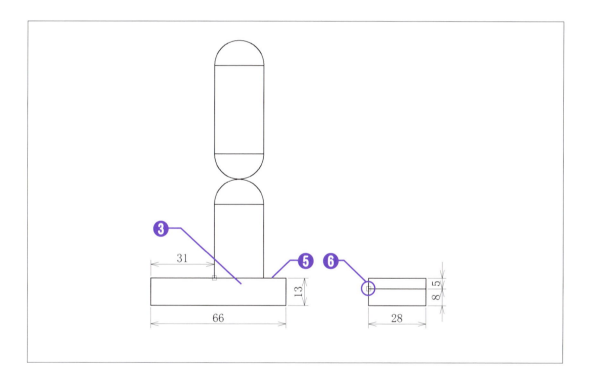

フィレットと面取りを付ける

足にフィレット (R8) と面取り (C5) を付けます。

❶ 下部の長方形をクリックして「X」(▭) と入力し、Enter キーを押して分解します。
❷ 「F」(▭) と入力し、Enter キーを押します。
❸ 「R」と入力して Enter キーを押し、「8」と入力して Enter キーを押します。
❹ 下部の長方形の左下角の2線をクリックします。
❺ 「CHA」(▭) と入力し、Enter キーを押します。

❻ 「D」と入力して Enter キーを押し、「5」と入力して Enter キーを押し、「5」と入力して Enter キーを押します。
❼ 下部の長方形の右上角の2線をクリックします。

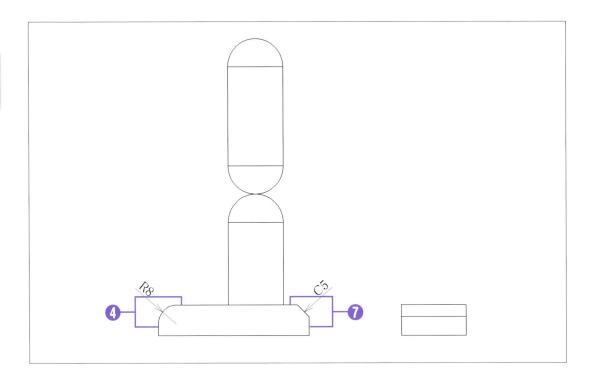

第4章
さらに効率をあげる応用テクニック

4-01 寸法記入の効率化

複合アイコンには、寸法も含まれているので、作図と同時に寸法も記入されます。これを利用して、より効率よく作図する方法を説明します。

作図例

最初に、基本図形を使って複合アイコンの寸法表示や寸法の変更方法を確認します。なお、第3章までは複合アイコンの寸法線を非表示（💡）にしていましたが、ここからは表示（💡）にして作図します。

▼ 作図寸法

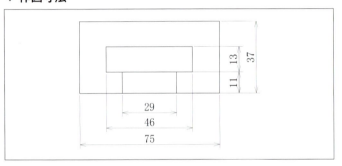

❶ 「I」（🔲）と入力し、[Enter]キーを押します。
❷ 「ブロック挿入」ダイアログボックスの[名前]で「4角中下」を選択します。
❸ 「X：75」「Y：37」と入力して、[OK]をクリックします。
❹ 任意の点をクリックします。寸法は、図形の形状に関係なく自動的に登録した寸法1が表示されます。[Enter]キーを押して、コマンドを再実行します。

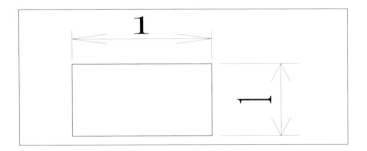

❺ 「X：29」「Y：11」と入力して、[OK]をクリックします。
❻ 長方形の下線の中点をクリックして[Enter]キーを押します。
❼ 「X：46」「Y：13」と入力して、[OK]をクリックします。
❽ 内部の長方形の上線の中点をクリックします。

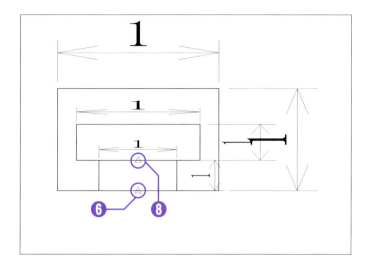

自動寸法を表示する

　図形全体を選択して、「X」と入力して Enter キーを押すと図形が分解され、自動的に寸法が表示されます。表示された寸法を変更する場合は、「U」と入力して Enter キーを押し、図形の寸法が「1」になるまで戻します。

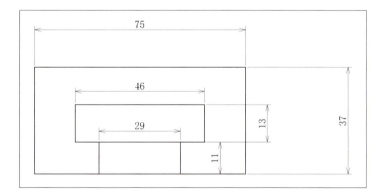

> **メモ**
>
> 　自動寸法表示は、入力寸法の確認と図形の寸法変更を瞬時に行うことが目的です。ただし、作図するたびに寸法を表示するとわかりにくく、効率にも影響がでるので、必要に応じて表示します。
> 　自動寸法表示の高さは、図形の大きさによってバラバラです。そのため、事前に「寸法スタイル管理」で［全体尺度］を「1」に設定して作図を行い、図形に合わせて調整します。

寸法を変更する

「CH」（🔲）と入力し、Enterキーを押します。[オブジェクトプロパティ管理] ウィンドウが表示されます。

[ジオメトリ] に表示されているデータは、前ページの図形（75×37）を選択した値です。寸法を変更するときは、尺度Xと尺度Yに変更値を入力します。変更した値に合わせて、自動的に図形も拡大／縮小されます。たとえば、「尺度X」を「75」から「60」に変更すると、図形も同時に縮小します。

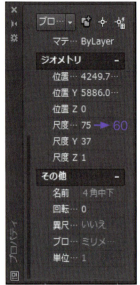

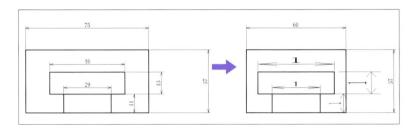

寸法補助線を移動する

位置の移動は「DIMTEDIT」（ショートカットキーがないため、コマンド名で入力します）と入力し、Enterキーを押します。

たとえば「37」の位置が右側に離れている場合は、「37」の寸法をクリックしてカーソルを移動し、バランスを考えて任意の場所をクリックして調整します。同様に、「11」の寸法をクリックして「13」と同じ位置に移動します。

▼ 移動前の寸法位置

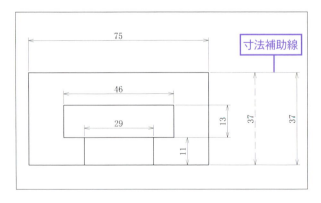

▼ 移動後の寸法位置

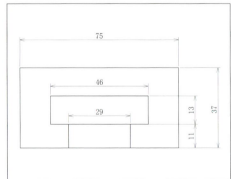

寸法記入方法の比較

　従来の寸法記入方法と複合アイコンの寸法表示を比較すると、次表のようになります。複合アイコンの寸法表示は、通常の寸法記入に比べて正確さ、速さ、操作のしやすさが総合的に上回っています。また、図形単位で寸法を表示するため、別の人が加工するときにも分かりやすいというメリットもあります。ただし、図形によっては寸法補助線の長さが自動的に決まるので、再度調整する必要があります。

　ここからは、より効率よく作図するため、一定の区切りがついた時点でそのつど入力寸法を表示します。寸法を確認後、非表示に切り替えてあらたに作図を継続します。作図終了後は、製作図用に寸法を調整します。不要な寸法は削除し、必要な寸法は追加します。

▼ 寸法記入の比較

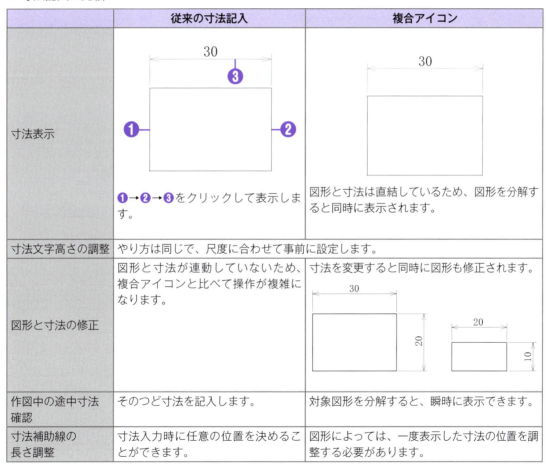

	従来の寸法記入	複合アイコン
寸法表示	❶→❷→❸をクリックして表示します。	図形と寸法は直結しているため、図形を分解すると同時に表示されます。
寸法文字高さの調整	やり方は同じで、尺度に合わせて事前に設定します。	
図形と寸法の修正	図形と寸法が連動していないため、複合アイコンと比べて操作が複雑になります。	寸法を変更すると同時に図形も修正されます。
作図中の途中寸法確認	そのつど寸法を記入します。	対象図形を分解すると、瞬時に表示できます。
寸法補助線の長さ調整	寸法入力時に任意の位置を決めることができます。	図形によっては、一度表示した寸法の位置を調整する必要があります。

4-02 横型／縦型兼用のバイスを作図する

　実際に作図しながら、複合アイコンを使った寸法記入などの練習をしてみましょう。ここでは、横型／縦型兼用のバイスを作図しながら説明していきます。

作図するバイスの概要

　一般的に市販されているバイス（万力）は、横型です。このバイスは、特に手で押えにくい縦に長い品物も固定できるように縦横兼用した構造にしました。作業台に固定して使います。また、アタッチメントを切り替えることで簡単に横型から縦型に変換できます。

▼バイスの組立図

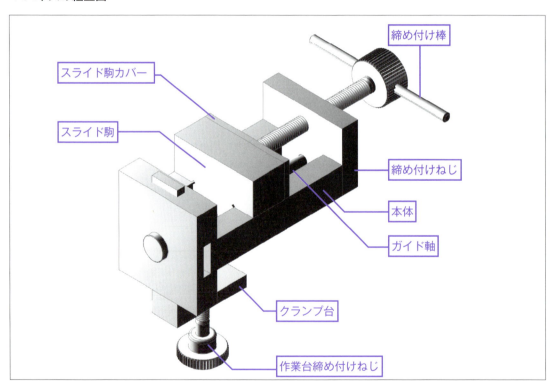

　縦型にする場合は、横型用バイスのガイド軸を取り外します。次にクランプ台を角穴に差し込んでから、再度ガイド軸を取り付けて固定します。

▼ 横型バイス

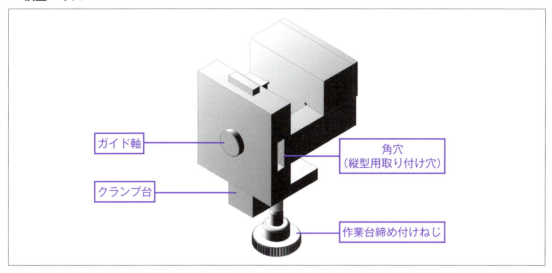

▼ 縦型に切り替えたバイス

▼ 加工品の取り付け例：横物

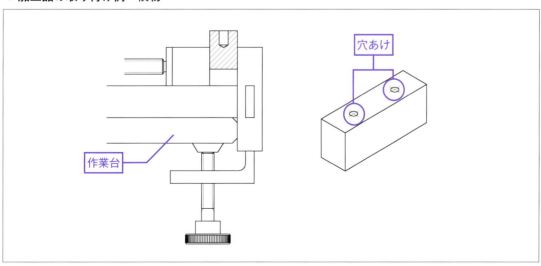

▼ 加工品の取り付け例：縦物

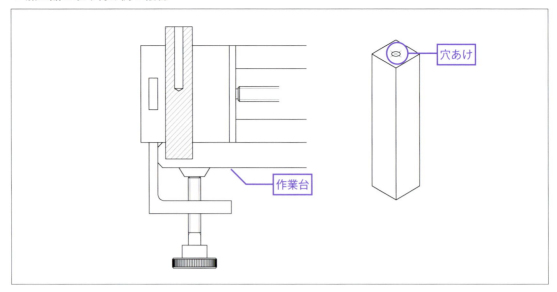

このバイスの図面を作図していきます。

4-03 バイスの本体を製図する

　本体を分かりやすく表示するために、正面図、平面図、左右の側面図に分けました。形状がほぼ類似しているため、複合アイコンを主体に寸法を確認しながら連続作図します。

▼ 作図寸法

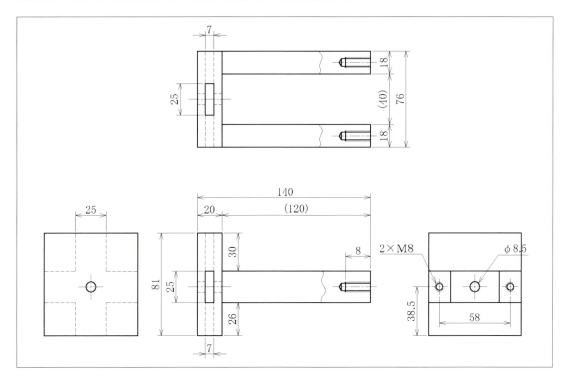

本体の正面図を作図する

┠──── **ピッチ専用の複合アイコンを作成する**

作図前に下記の設定を行います。
- 寸法の全体尺度を「1〜1.5」に設定します（P.46 参照）。
- 図形が複雑な場合は、寸法画層を非表示（💡）にします。
- 図形が単純な場合は、表示（💡）にしてそのつど切り替えて作図します。

設定が終わったら作図を始めます。今回は、あらたにピッチ専用の複合アイコンを使用するので、最初に複合アイコンを作成します。

❶ 「I」（🔳）と入力し、Enter キーを押します。

❷ 「ブロック挿入」ダイアログボックスの[名前]で「9 点中下」を選択します。図面からピッチ寸法を入力します。

❸ 「X：20」「Y：26」と入力して、[OK]をクリックします。

❹ 任意の点をクリックします。Enter キーを押してコマンドを再実行します。

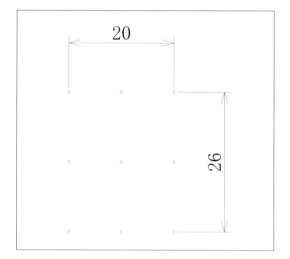

❺ 「ブロック挿入」ダイアログボックスの[名前]で「4 角中下」を選択します。

❻ 「X：20」「Y：81」と入力して[OK]をクリックします。

❼ 基点の下中央をクリックして、Enter キーを押します。

❽ 「X：7」「Y：25」と入力して、[OK]をクリックします。

❾ 基点の上中央をクリックして終了します。

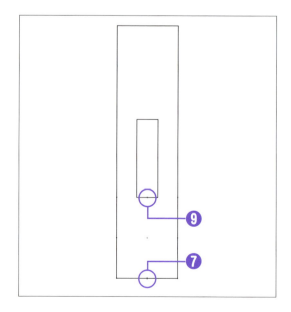

|──── 寸法を表示する

ここでいったん寸法を表示します。

❶ 寸法画層を非表示（💡）から表示（💡）に切り替えます。
❷ 各寸法線を選択します。「X」と入力し、Enter キーを押して分解します。
❸ 自動的に入力した寸法が表示されます。
❹ 「DIMTEDIT」（🖼🖼）と入力し、Enter キーを押します。対象寸法をクリックして寸法位置を調整します。

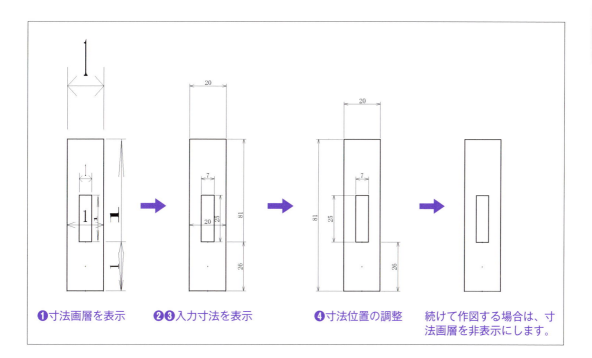

❶寸法画層を表示　❷❸入力寸法を表示　❹寸法位置の調整　続けて作図する場合は、寸法画層を非表示にします。

❺ 「I」（🖼）と入力し、Enter キーを押します。
❻ 「ブロック挿入」ダイアログボックスの[名前]で「4角左下」を選択します。
❼ 「X:120」「Y:25」と入力して、[OK]をクリックします。
❽ 基点の右上をクリックして終了します。

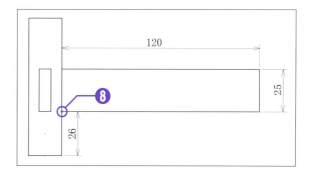

> **メモ**
>
> 自動寸法表示は効率を上げるためにそのまま利用します。分かりにくい、見にくいといった場合は寸法位置を変更したり、重複した寸法をクリックして Delete キーを押して削除したりして調整します。調整が終わったら、次の作図をやりやすくするために、寸法画層を非表示にします。

平行線（溝の部分）を作図する

① 「I」（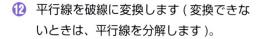）と入力し、[Enter]キーを押します。
② 「ブロック挿入」ダイアログボックスの[名前]で「4角中下」を選択します。
③ 「X：7」「Y：81」と入力して、[OK]をクリックします。
④ 左部の長方形の下線の中点をクリックします。[Enter]キーを押して、コマンドを再実行します。
⑤ 「ブロック挿入」ダイアログボックスの[名前]で「4角左中」を選択します。
⑥ 「X：6.5」「Y：8.5」と入力して、[OK]をクリックします。
⑦ 内部の長方形の右の中点をクリックします。[Enter]キーを押します。

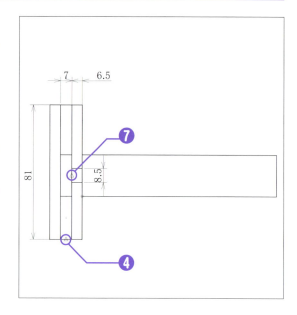

⑧ [名前]で「4角右中」を選択します。
⑨ 「X：6.5」「Y：8.5」と入力して、[OK]をクリックします。
⑩ 内部の長方形の左の中点をクリックして終了します。
⑪ 入力寸法を表示します。

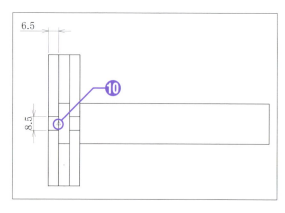

⑫ 平行線を破線に変換します(変換できないときは、平行線を分解します)。

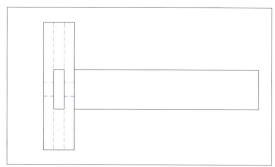

ねじを作図する

各種のねじは、JIS 規格を基準に複合アイコンを作成しました。

❶ 「I」（🖼）と入力し、Enter キーを押します。
❷ 「ブロック挿入」ダイアログボックスの [名前] で「ねじ込み部」を選択します。
❸ 「X：20」「Y：8」と入力して、[OK] をクリックします。
❹ 図形の右の中点をクリックして終了します。
❺ 入力寸法を表示します。
❻ ねじ部を分かりやすく表示するために、JIS 規格に合わせて破断線で図形の一部をカットします。
「SPL」と入力し、Enter キーを押します。
❼ 任意の a 点（近接点にスナップ）、b、c、d、e 点（近接点にスナップ）の順にクリックし、Enter キーを押して終了します。

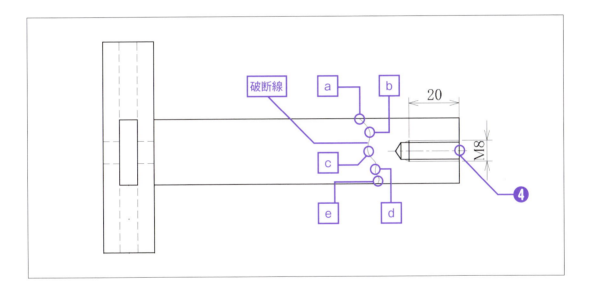

本体の平面図を作図する

長方形が主体の図形は、それぞれの基点位置に注意して複合アイコンを選択します。

❶ 「I」（🖼）と入力し、Enter キーを押します。
❷ 「ブロック挿入」ダイアログボックスの [名前] で「4 角左下」を選択します。
❸ 「X：20」「Y：76」と入力して、[OK] をクリックします。
❹ 図形の左線にカーソル線を重ねて上側の任意の点をクリックします。Enter キーを押してコマンドを再実行します。

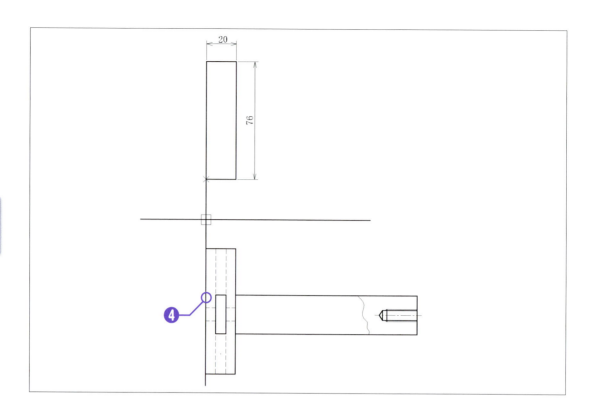

❺ 「X：120」「Y：18」と入力して、[OK] をクリックします。
❻ 長方形の右下の端点をクリックします。Enter キーを押してコマンドを再実行します。

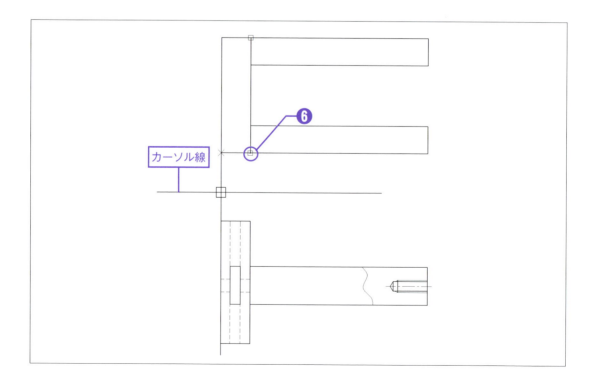

❼ 「ブロック挿入」ダイアログボックスの [名前] で「4 角左上」を選択します。
❽ 「X：120」「Y：18」と入力して、[OK] をクリックします。
❾ 長方形の右上の端点をクリックして終了します。
❿ 入力寸法を表示します。

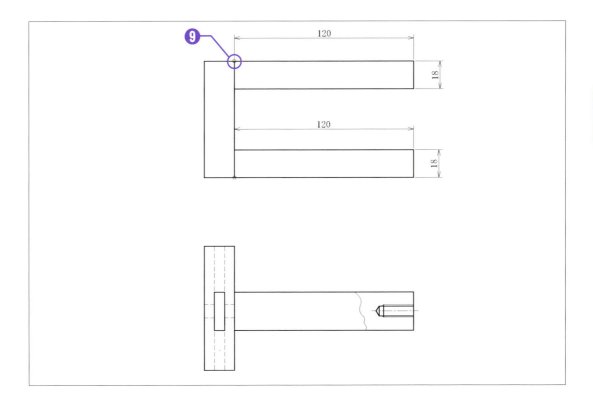

⓫ 「CP」（ ）と入力し、Enter キーを押します。
⓬ 正面図のねじと破断線を選択して Enter キーを押します。
⓭ a 点をクリックし、b 点と c 点をクリックします。AutoCAD の場合は、続けて Enter キーを押します。

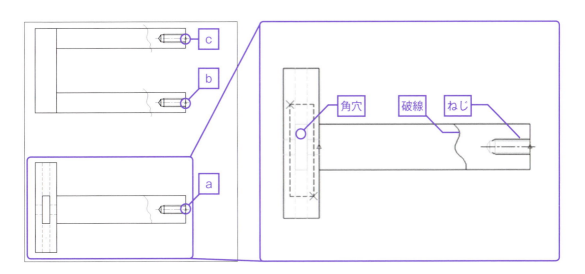

⓮ 続けて、角穴と破線を右下から左上に囲んで、 Enter キーを押します。
⓯ f点をクリックし、g点をクリックします。AutoCADの場合は、続けて Enter キーを押します。

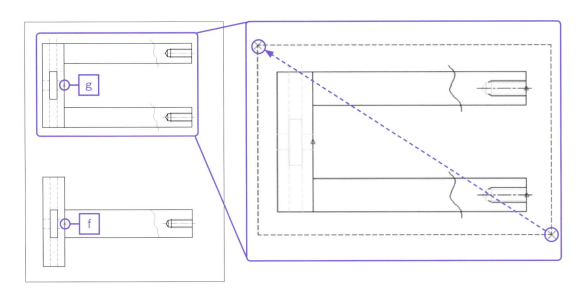

⓰ 「TR」(✂)と入力し、 Enter キーを押します。
⓱ 右下から左上をクリックして平面図を Enter キーを押します。
⓲ 図形からはみでている破線と破断線をクリックし、 Enter キーを押して終了します。

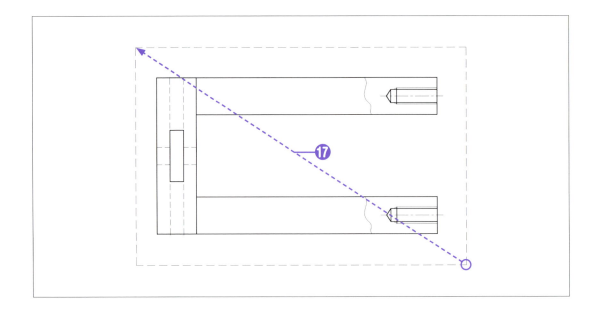

⑲ 製作図用に寸法を記入します。

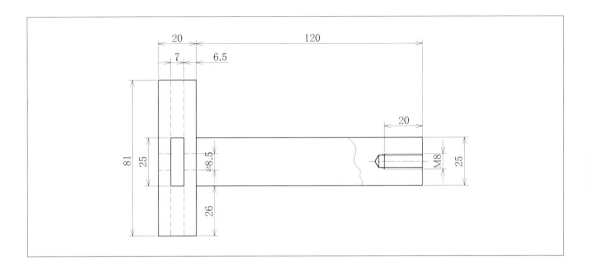

本体の左側面図を作図する

❶ 「I」（📷）と入力し、Enterキーを押します。
❷ 「ブロック挿入」ダイアログボックスの [名前] で「4 角右下」を選択します。
❸ 「X：76」「Y：81」と入力して、[OK] をクリックします。
❹ 正面図の下線にカーソル線を重ね、左に任意の点をクリックします。Enterキーを押してコマンドの再実行します。
❺ 「X：76」「Y：25」と入力して、[OK] をクリックします。
❻ 📷を選択して左部の長方形の右下をクリックし、「@0,26」と入力してEnterキーを押します。
❼ 入力寸法を表示します。

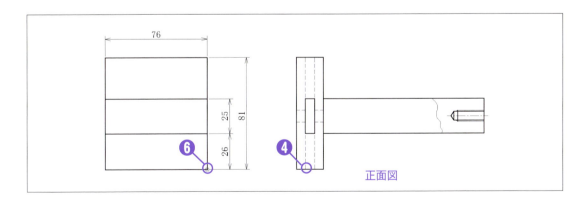

❽ 「I」（🔲）と入力し、Enter キーを押します。
❾ 「ブロック挿入」ダイアログボックスの [名前] で「4角中下」を選択します。
❿ 「X：25」「Y：81」と入力して、[OK] をクリックします。
⓫ 長方形の下の中点をクリックして終了します。

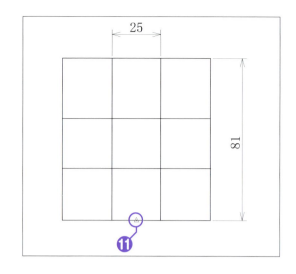

⓬ 「TR」（✂）と入力し、Enter キーを押します。
⓭ 図形を選択し、Enter キーを押して中央の正方形をクリックし、Enter キーを押して終了します（トリムができない場合は、図形を分解します）。
⓮ 平行線を破線に変換します。
⓯ 入力寸法を表示します。
⓰ φ8.5 は右側面図作図後に複写します。

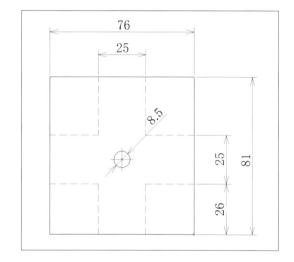

本体の右側面図を作図する

❶ 「I」（🔲）と入力し、Enter キーを押します。
❷ 「ブロック挿入」ダイアログボックスの [名前] で「4角中下」を選択します。
❸ 「X：76」「Y：81」と入力して、[OK] をクリックします。
❹ 図形の下線にカーソル線を重ね、任意の点をクリックします。Enter キーを押してコマンドを実行します。
❺ 「X：76」「Y：25」と入力して、[OK] をクリックします。
❻ 🔲を選択して、右の長方形の下線の中点をクリックします。「@0,26」と入力して、Enter キーを2回押します。

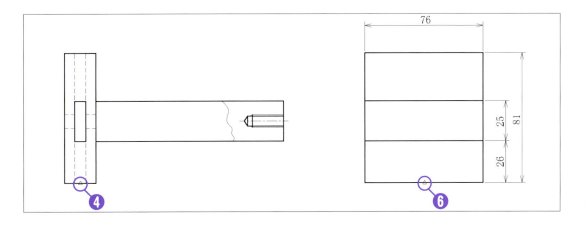

- ❼ 「X：40」「Y：25」と入力して、[OK] をクリックします。
- ❽ 内部の長方形の下線の中点をクリックして Enter キーを押します。
- ❾ 「ブロック挿入」ダイアログボックスの [名前] で「9点中下」を選択します。
- ❿ 「X：58」「Y：25」と入力して、[OK] をクリックします。
- ⓫ 内部の長方形の下線の中点をクリックして終了します。
- ⓬ 入力寸法を表示します。

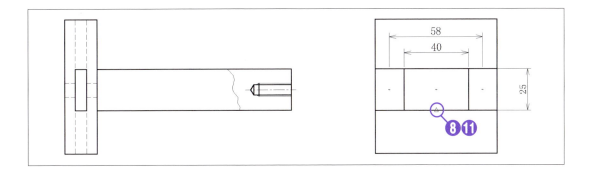

円を作図する

- ❶ 「I」（🔲）と入力し、Enter キーを押します。
- ❷ 「ブロック挿入」ダイアログボックスの[名前]で「円」を選択します。
- ❸ 「X：8.5」と入力し、[分解] をクリックしてチェックを付けて [OK] をクリックします。
- ❹ 中央の基点をクリックし、Enter キーを押します。
- ❺ 「ブロック挿入」ダイアログボックスの [名前] で「ねじ」を選択します。
- ❻ 「X：8」と入力して、[OK] をクリックします。
- ❼ 左側の基点をクリックして、Enter キーを押します。
- ❽ 「X：8」と入力して、[OK] をクリックします。
- ❾ 右側の基点をクリックして終了します。

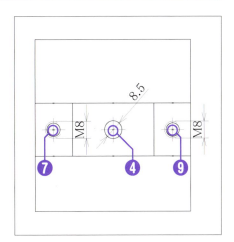

⑩ 寸法は自動的に表示します。
⑪ 製作図用に寸法を記入されます。

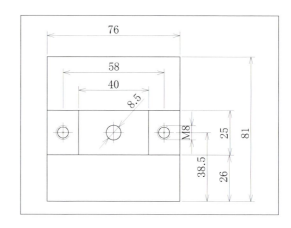

> **メモ**
>
> 　円、ねじの複合アイコンは、[ブロック挿入] ダイアログボックス内の [分解] にチェックを付けると自動的に寸法が表示されます。チェックを付けない場合は、図形だけの表示になります。その場合でも、分解すると寸法が表示されます。

φ8.5を左側面図にコピーする

❶ 「CP」（ ） と入力し、Enter キーを押します。
❷ φ8.5 の図形を選択して、Enter キーを押します。
❸ 右側面図の下線の中点をクリックし、既存の左側面図の下線の中点をクリックします。
　AutoCAD の場合は、続けて Enter キーを押します。

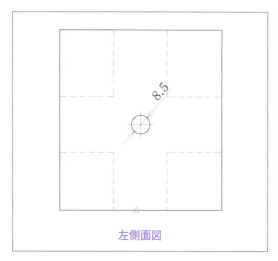
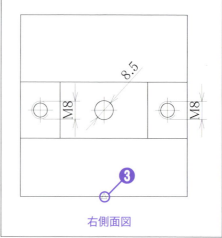

4-04 バイスの取り付け板を製図する

　取り付け板は本体に取り付けているスライド駒を正確に移動させるための「締め付けねじ」をしっかりガイドするパーツです。取り付け板を作図します。

▼ 作図寸法

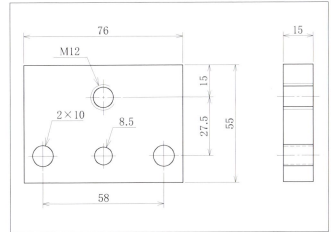

取り付け板の正面図を作図する

　取り付け版のように円が複数ある場合は、操作を簡略にするため、ピッチ寸法を先に指定してから作図をします。

❶ 「I」（🔲）と入力し、Enter キーを押します。
❷ 「ブロック挿入」ダイアログボックスの［名前］で「9点中下」を選択します。
❸ 「X：58」「Y：27.5」と入力して、［OK］をクリックします。
❹ 任意の点をクリックして、Enter キーを押します。

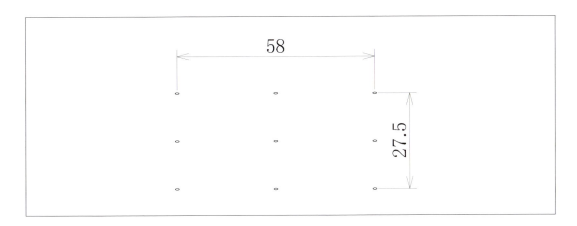

❺ 「ブロック挿入」ダイアログボックスの[名前]で「円」を選択します。
❻ 「X：8.5」と入力し、[分解]をクリックしてチェックを付け、[OK]をクリックします。
❼ 下中央の基点をクリックして、[Enter]キーを押します。
❽ ねじを選択します。
❾ 「X：12」と入力して、[OK]をクリックします。
❿ 上中央の基点をクリックして、[Enter]キーを押します。
⓫ 寸法は自動的に表示されます。

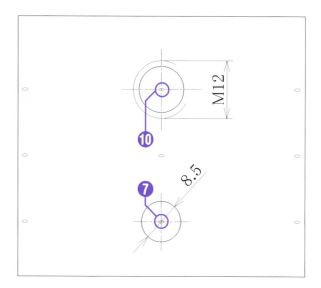

ピッチ寸法を基準に外形線を作図する

❶ 「I」（🔲）と入力し、[Enter]キーを押します。
❷ 「ブロック挿入」ダイアログボックスの[名前]で「4角中下」を選択します。
❸ 「X：76」「Y：55」と入力して、[OK]をクリックします。
❹ 🔲を選択して下中央の基点をクリックし、「@0,-12.5」と入力して[Enter]キーを2回押します。
❺ 「ブロック挿入」ダイアログボックスの[名前]で「円」を選択します。
❻ 「X：10」と入力して[分解]をクリックし、チェックを付けて[OK]をクリックします。
❼ 下左の基点をクリックして、[Enter]キーを押します。
❽ 「X：10」と入力して、[OK]をクリックします。
❾ 下右の基点をクリックします。

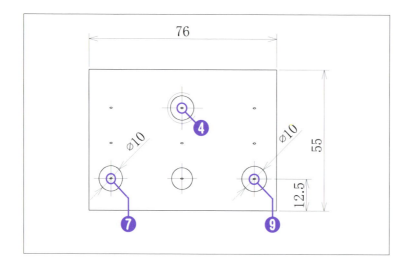

側面図を作図する

① 「I」と入力して Enter キーを押し、「ブロック挿入」ダイアログボックスの [名前] で「4角左下」を選択します。
② 「X：15」「Y：55」と入力して、[OK] をクリックします。
③ 長方形の下線にカーソル線を重ね、右側の任意の点をクリックして Enter キーを押します。
④ 「ブロック挿入」ダイアログボックスの [名前] で「横ねじ」を選択します。
⑤ 「X：15」「Y：12」と入力して、[OK] をクリックします。
⑥ を選択して、右部長方形の左上の端点をクリックします。「@0,-15」と入力して Enter キーを2回押します。
⑦ 「ブロック挿入」ダイアログボックスの [名前] で「平行中心」を選択します。
⑧ 「X：15」「Y：10」と入力して、[OK] をクリックします。
⑨ を選択して、長方形の左下の端点をクリックします。「@0,12.5」と入力して Enter キーを2回押します。
⑩ 「ブロック挿入」ダイアログボックスの [名前] で「平行破線」を選択します。
⑪ 「X：15」「Y：8.5」と入力して、[OK] をクリックします。
⑫ 長方形の左下中心線の交点をクリックして終了します。
⑬ 入力寸法を表示します。

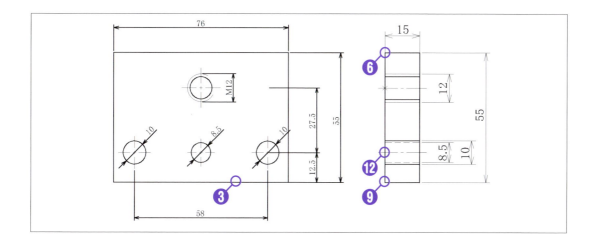

4-05 スライド駒を製図する

　スライド駒は、加工物を着脱します。本体、スライドカバーと一体となっています。ピッチを合せるため、位置専用の複合アイコンで統一します。

▼ 作図寸法

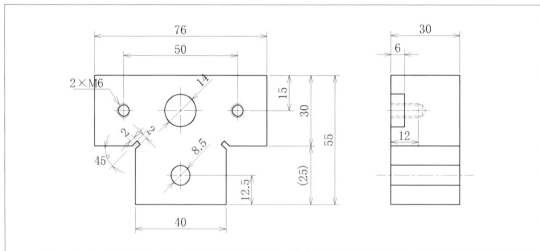

スライド駒の正面図を作図する

❶ 「I」（🔲）と入力し、Enter キーを押します。
❷ 「ブロック挿入」ダイアログボックスの [名前] で「4 角中上」を選択します。
❸ 「X：76」「Y：30」と入力して、[OK] をクリックします。
❹ 任意の点をクリックして、Enter キーを押します。
❺ 「X：40」「Y：25」と入力して、[OK] をクリックします。
❻ 長方形の下線の中点をクリックして、Enter キーを押します。

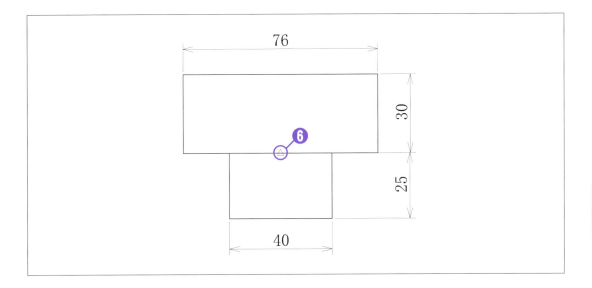

❼ 「ブロック挿入」ダイアログボックスの [名前] は「コ」を選択します。
❽ 「X：2」と入力し、[分解] をクリックしてチェックを付けます。「角度：45」と入力して [OK] をクリックし、a 点をクリックして Enter キーを押します。
❾ 「X：2」「角度：135」と入力して [OK] をクリックし、b 点をクリックします。

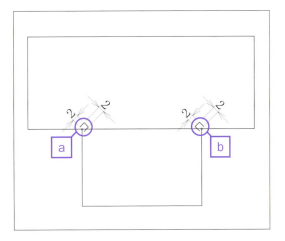

作図前に図形を分解する

❶ 「EX」と入力し、Enter キーを押します。図形全体を囲んで、Enter キーを押します。コの先端をそれぞれクリックし、Enter キーを押して延長します。
❷ 「TR」と入力し、Enter キーを押します。コの図形を選択して、Enter キーを押します。不要な線をトリムし、Enter キーを押します。

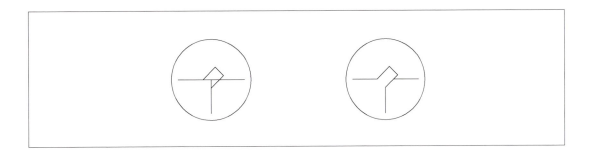

円の基点を設定する

❶ 「I」（🔲）と入力し、[Enter]キーを押します。
❷ 「ブロック挿入」ダイアログボックスの [名前] で「9点中下」を選択します。
❸ 「X：50」と入力します。[分解] と [XYZ尺度を均一に設定] のチェックを外します。
❹ 「Y：40」と入力して、[OK] をクリックします。
❺ 図形の下の中点をクリックして、[Enter]キーを押します。

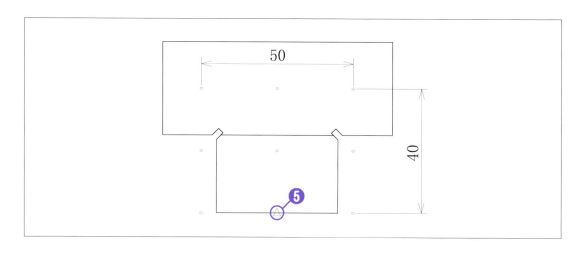

円を作図する

❶ 「I」（🔲）と入力し、[Enter]キーを押します。「ブロック挿入」ダイアログボックスの [名前] で「円」を選択します。
❷ 「X：8.5」と入力して、[OK] をクリックします。
❸ [分解] にチェックを付けて [OK] をクリックします。🔲を選択して図形の下中点をクリックし、「@0,12.5」と入力して [Enter] キーを2回押します。
❹ 「X：14」と入力し、[OK] をクリックします。
❺ 上中央の基点をクリックして、[Enter]キーを押します。
❻ 「ブロック挿入」ダイアログボックスの [名前] で「ねじ」を選択します。
❼ 「X：6」と入力して、[OK] をクリックします。
❽ 上左の基点をクリックして、[Enter]キーを押します。
❾ 「X：6」と入力して [OK] をクリックし、上右の基点をクリックします。

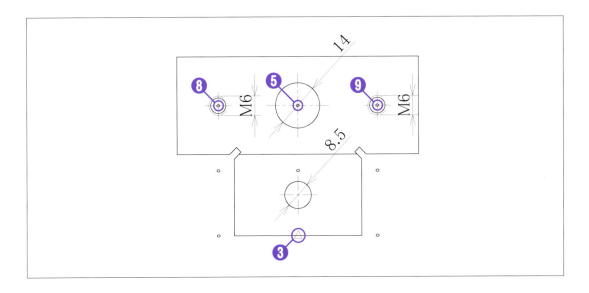

スライド駒の側面図を作図する

① 「I」と入力して Enter キーを押し、「ブロック挿入」ダイアログボックスの [名前] で「4角左下」を選択します。
② 「X：30」と入力します。[分解] と [XYZ 尺度を均一に設定] のチェックを外します。
③ 「Y：25」と入力して、[OK] をクリックします。
④ 図形の下線にカーソル線を重ねて右側の任意の点をクリックし、Enter キーを押します。
⑤ 「X：30」「Y：30」と入力して、[OK] をクリックします。
⑥ 長方形の左上の端点をクリックして、Enter キーを押します。

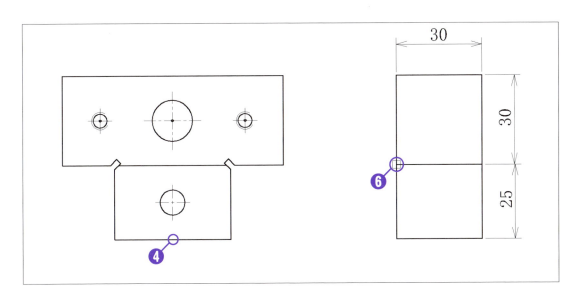

❼ 「ブロック挿入」ダイアログボックスの [名前] で「平行中心」を選択します。
❽ 「X：30」「Y：8.5」と入力して、[OK] をクリックします。
❾ 下部の長方形の左線の中点をクリックして、Enter キーを押します。
❿ 「ブロック挿入」ダイアログボックスの [名前] で「4 角左中」を選択します。
⓫ 「X：6」「Y：14」と入力して［OK］をクリックし、上部の長方形の左線の中点をクリックして Enter キーを押します。

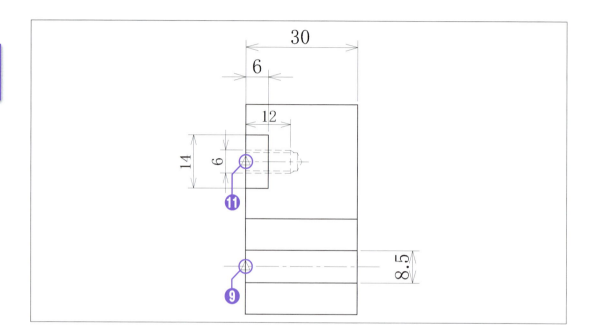

⓬ 「ブロック挿入」ダイアログボックスの [名前] で「ねじ込み部破線」を選択します。
⓭ 「X：12」「Y：6」「角度：180」と入力して［OK］をクリックし、⓫でクリックした点をクリックして終了します。
⓮ 入力寸法を表示します。

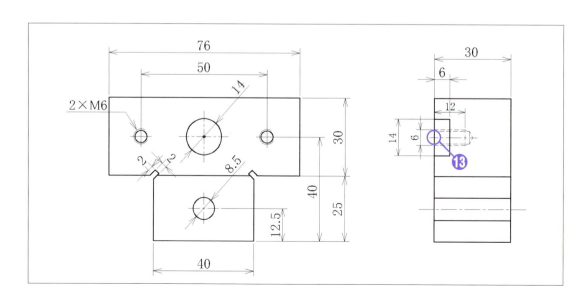

4-06 スライド駒のカバーを製図する

　カバーは、スライド駒を前後に可動させている「締め付け棒」が外れないように固定します。スライド駒と組み合わせて使用します。形状が類似している場合は、同じような作図工程で描くと正確に早くできます。

▼ 作図寸法

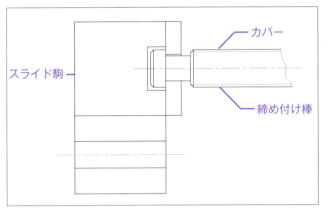

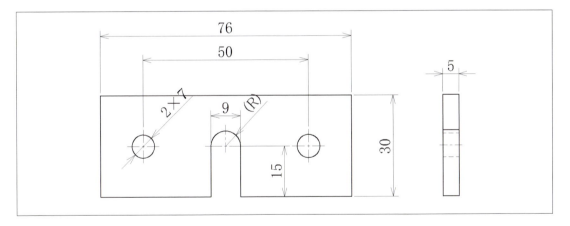

カバーの正面図を作図する

❶ 「I」（🔲）と入力し、[Enter] キーを押します。
❷ 「ブロック挿入」ダイアログボックスの [名前] で「4 角中下」を選択します。
❸ 「X：76」「Y：30」と入力して [OK] をクリックし、任意の点をクリックして [Enter] キーを押します。
❹ 「ブロック挿入」ダイアログボックスの [名前] で「9 点中下」を選択します。
❺ 「X：50」「Y：30」と入力して [OK] をクリックします。長方形の下線の中点をクリックして、[Enter] キーを押します。

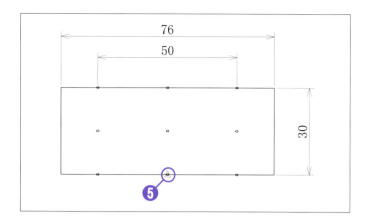

❻「ブロック挿入」ダイアログボックスの［名前］で「平行縦」を選択します。
❼「X：9」「Y：15」と入力して［OK］をクリックします。❺でクリックした点をクリックして、Enter キーを押します。
❽「ブロック挿入」ダイアログボックスの［名前］で「半円」を選択します。
❾「X：9」と入力します。［分解］にチェックを付けて、［OK］をクリックします。中央の基点をクリックして、Enter キーを押します。

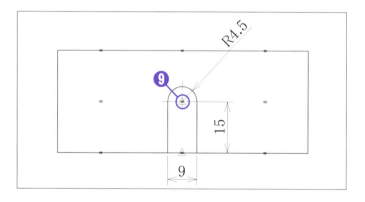

❿「ブロック挿入」ダイアログボックスの[名前]で「円」を選択します。
⓫「X：7」と入力し、［分解］をクリックしてチェックを付けて［OK］をクリックし、中央左の基点をクリックして Enter キーを押します。
⓬「X:7」と入力して［OK］をクリックし、中央右の基点をクリックして Enter キーを押します。
⓭「TR」と入力し、Enter キーを押します。平行縦線を選択して、Enter キーを押します。❺でクリックした点をクリックしてトリムし、Enter キーを押します（トリムできないときは、図形を分解してください）。

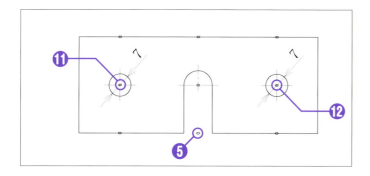

カバーの右側面図を作図する

❶ 「I」（🖱）と入力し、Enter キーを押します。
❷ 「ブロック挿入」ダイアログボックスの[名前]で「4角左下」を選択します。
❸ 「X：5」と入力します。[分解]と[XYZ尺度を均一に設定]のチェックを外します。
❹ 「Y：30」と入力して[OK]をクリックし、長方形の下線にカーソル線を重ねて右側に任意の点をクリックして Enter キーを押します。
❺ 「ブロック挿入」ダイアログボックスの[名前]で「平行破線中心」を選択します。
❻ 「X：5」「Y：7」と入力して[OK]をクリックし、右部の長方形の左線の中点をクリックして終了します。

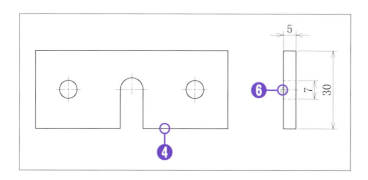

❼ 入力寸法を表示します。

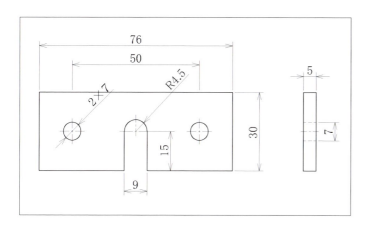

4-07 締め付けねじを製図する

　締め付けねじは、スライド駒を前後に移動し、品物を固定します。マルチラインまたは2重線を使って作図すると事前設定が複雑で分かりにくく、効率に問題があるので、複合アイコンで作図するのがポイントです。

▼ 作図寸法

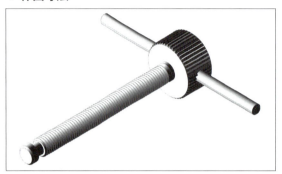

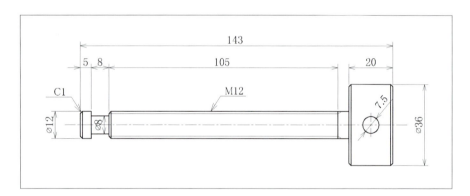

締め付けねじを作図する

❶ 「IJ」（🔲）と入力し、Enter キーを押します。
❷ 「ブロック挿入」ダイアログボックスの [名前] で「円」を選択します。
❸ 「X：7.5」と入力し、[分解] をクリックしてチェックを付けて [OK] をクリックし、任意点をクリックして Enter キーを押します。
❹ 「ブロック挿入」ダイアログボックスの [名前] で「4 角 C4」を選択します。
❺ 「X：20」と入力します。[分解] と [XYZ 尺度を均一に設定] のチェックを外します。
❻ 「Y：36」と入力して [OK] をクリックし、円の中心をクリックして Enter キーを押します。

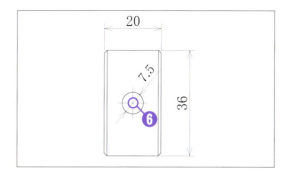

❼ 「ブロック挿入」ダイアログボックスの [名前] で「4 角右中」を選択します。
❽ 「X：5」「Y：12」と入力して［OK］をクリックし、長方形の左線の中点をクリックして Enter キーを押します。
❾ 「ブロック挿入」ダイアログボックスの [名前] で「おねじ左」を選択します。
❿ 「X：105」「Y：12」と入力して［OK］をクリックし、左部の長方形の左線の中点をクリックします。

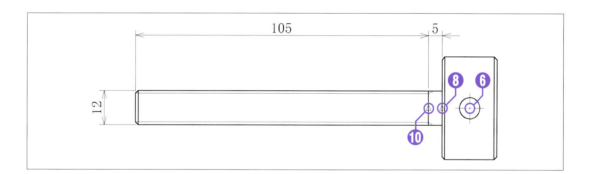

⓫ 「ブロック挿入」ダイアログボックスの [名前] で「4 角右中」を選択します。
⓬ 「X:8」「Y:8」と入力して［OK］をクリックし、図形の左線の中点をクリックして Enter キーを押します。
⓭ 「ブロック挿入」ダイアログボックスの [名前] で「4 角 C2」を選択します。
⓮ 「X：5」「Y：12」と入力して［OK］をクリックし、長方形の右線の中点をクリックして終了します。
⓯ 中心線を図形の左より長めに延長します。中心線の左側を 2 回クリックします。
⓰ 入力寸法を表示します。φ、M の記号が付いていない場合は、「DDEDIT」で追記します。

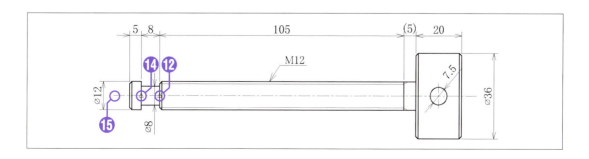

143

4-08 締め付けハンドルを製図する

　締め付けハンドルは、スライド駒に取り付けて品物を固定します。長方形で面取りも同時に作図するのがポイントです。

▼ 作図寸法

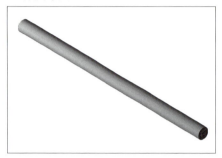

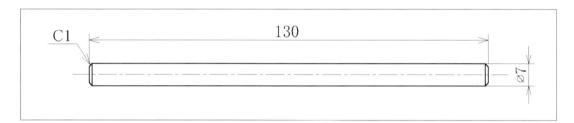

締め付けハンドルを作図する

❶ 「REC」（▱）と入力し、Enter キーを押します。
❷ 「C」と入力して Enter キーを押します。「1」と入力して Enter キーを2回押します。
❸ 任意の点をクリックし、「@ 130,7」と入力して Enter キーを押します。

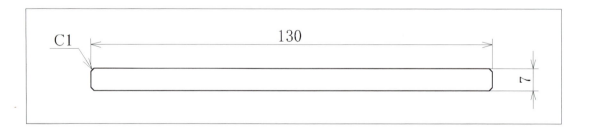

❹ 「I」（▱）と入力し、Enter キーを押します。
❺ 「ブロック挿入」ダイアログボックスの[名前]で「平行中心縦」を選択します。
❻ 「X：128」「Y：7」と入力して［OK］をクリックし、図形の下線の中点をクリックして終了します。

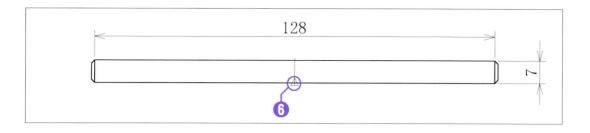

❼ 縦の中心線を横にします（事前に図形を分解しておきましょう）。中心線をクリックしてグリップを表示し、グリップを右クリックして［回転］を選択します。基点として中心線の中点を選択して「90」と入力して Enter キーを押し、中心線を回転します。

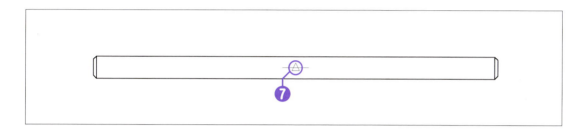

❽ 左端のグリップをクリックして赤くなったら、図形より長くなるように中心線を左に延長します。同様に、右端のグリップも図形より長くなるように右に延長します。移動が終わったら Esc キーを押して終了します。

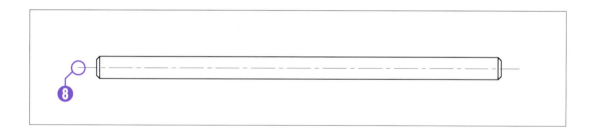

❾ 入力寸法を表示します。

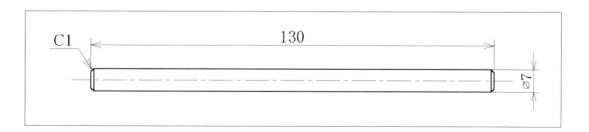

4-09 クランプ台を製図する

　クランプ台は、バイスを作業台に固定するためのアタッチメントです。また、バイスを横型から縦型にする時に差し替えてバイスを固定するパーツです。図形に多数の穴があるため、位置決めの複合アイコンを基準に作図します。

▼ 作図寸法

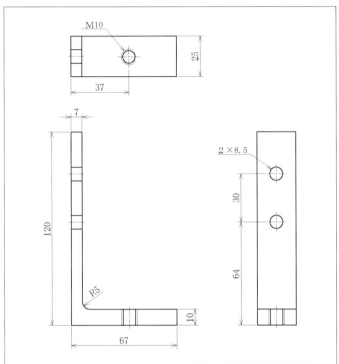

クランプ台の正面図を作図する

❶ 「I」（📷）と入力し、[Enter]キーを押します。
❷ 「ブロック挿入」ダイアログボックスの［名前］で「4点左上」を選択します。
❸ 「X：37」「Y：64」と入力して[OK]をクリックし、任意の点をクリックします。[Enter]キーを押して、コマンドを再実行します。
❹ 「ブロック挿入」ダイアログボックスの[名前]で「4角左下」を選択します。
❺ 「X：7」「Y：120」と入力して、[OK]をクリックします。
❻ 左下の基点をクリックして[Enter]キーを押します。
❼ 「X：67」「Y：10」と入力して、[OK]をクリックします。
❽ 左下の基点をクリックします。

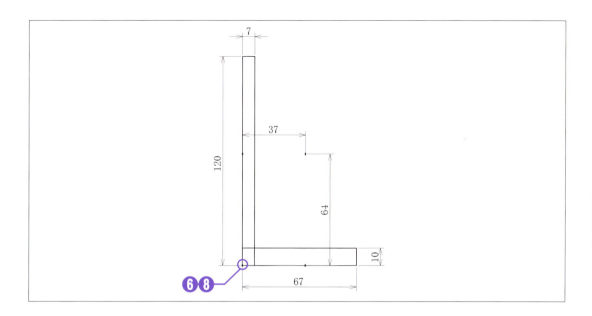

ねじと穴を作図する

❶ 「I」と入力して、Enter キーを押し、「ブロック挿入」ダイアログボックスの [名前] で「横ねじ」を選択します。
❷ 「X：10」「Y：10」[角度 :90] と入力して、[OK] をクリックします。
❸ 右下の基点をクリックして、Enter キーを押します。
❹ 「ブロック挿入」ダイアログボックスの [名前] で「平行中心」を選択します。
❺ 「X：7」「Y：8.5」と入力して、[OK] をクリックします。
❻ 左上の基点をクリックして、Enter キーを押します。
❼ 「X：7」「Y：8.5」と入力して、[OK] をクリックします。
❽ を選択して左上の基点をクリックし、「@0,30」と入力して Enter キーを押します。

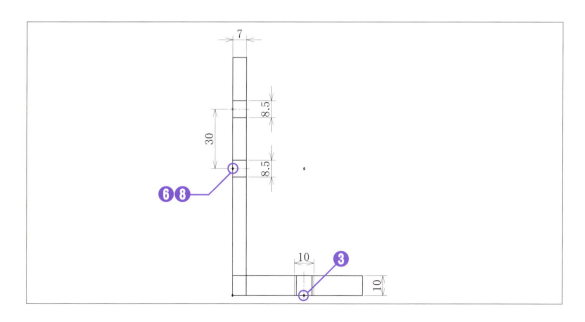

❾ 入力寸法を表示します。
❿ 「F」（▱）と入力し、Enter キーを押します。
⓫ 「R」と入力し、Enter キーを押します。「5」と入力して Enter キーを押します。
⓬ R5 を付ける 2 本の線をクリックします。
⓭ 入力寸法を表示します。

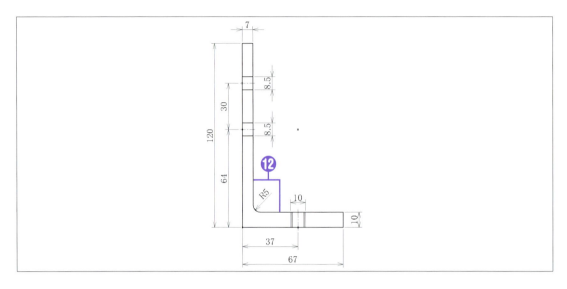

クランプ台の右側面図を作図する

❶ 「I」（▦）と入力し、Enter キーを押します。
❷ 「ブロック挿入」ダイアログボックスの [名前] で「4 角左下」を選択します。
❸ 「X：25」「Y：120」と入力して、[OK] をクリックします。
❹ カーソル線を左部の図形の下線に重ね、右側の任意の点をクリックして、Enter キーを押します。
❺ 「X：25」「Y：10」と入力して、[OK] をクリックします。
❻ 長方形の左線の端点をクリックして、Enter キーを押します。

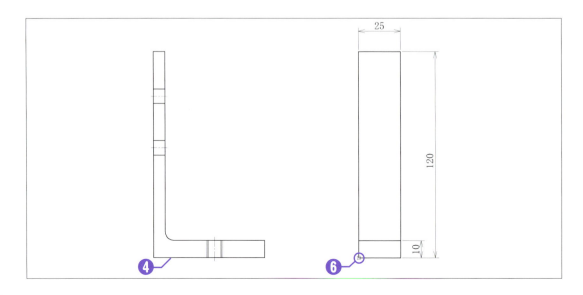

❼ [名前] で「横ねじ破線」を選択します。
❽ 「X：10」「Y：10」「角度:90」と入力して、[OK] をクリックします。
❾ 長方形の下線の中点をクリックして、Enter キーを押します。
❿ CP（🔲）と入力し、Enter キーを押します。左部の中心線2本をクリックして Enter キーを押します。
⓫ 左部の図形の上線の中点をクリックし、長方形の上線の中点をクリックします。AutoCAD の場合は、続けて Enter キーを押します。

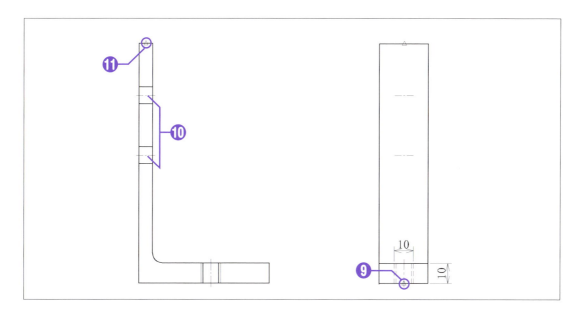

⓬ 「I」（🔲）と入力して Enter キーを押します。
⓭ 「ブロック挿入」ダイアログボックスの [名前] で「円」を選択します。
⓮ 「X：8.5」と入力し、[分解] をクリックしてチェックを付けて [OK] をクリックします。
⓯ 長方形の中心線の下の中点をクリックして、Enter キーを押します。
⓰ 「X：8.5」と入力して [OK] をクリックし、中心線の上の中点をクリックします。
⓱ 入力寸法を表示します。

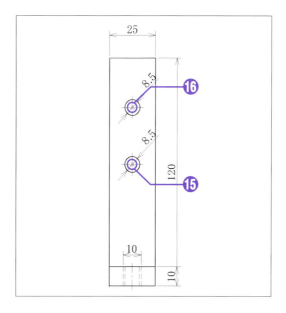

クランプ台の平面図を作図する

❶ 「I」（📥）と入力し、Enter キーを押します。
❷ 「ブロック挿入」ダイアログボックスの [名前] で「4 角左下」を選択します。
❸ 「X：67」「Y：25」と入力して、[OK] をクリックします。
❹ カーソル線を図形の左線に重ねて、上側に垂直移動して任意の点をクリックし、Enter キーを押します。
❺ 「X：7」「Y：25」と入力して、[OK] をクリックします。
❻ 長方形の左下の端点をクリックして、Enter キーを押します。

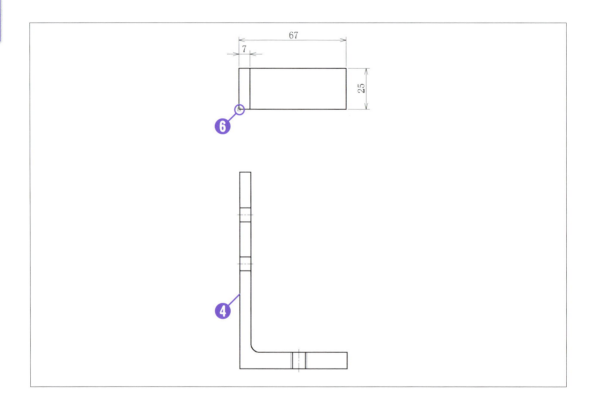

❼ 「ブロック挿入」ダイアログボックスの [名前] で「平行破線中心」を選択します。
❽ 「X：7」「Y：8.5」と入力して、[OK] をクリックします。
❾ 長方形の左線の中点をクリックして、Enter キーを押します
❿ CP（📥）と入力し、Enter キーを押します。
⓫ 図形下の中心線をクリックして Enter キーを押します。a 点をクリックし、b 点をクリックします。AutoCAD の場合は、続けて Enter キーを押します。
⓬ 「I」（📥）と入力して Enter キーを押します。
⓭ 「ブロック挿入」ダイアログボックスの [名前] で「ねじ」を選択します。
⓮ 「X：8.5」と入力し、[分解] をクリックしてチェックを付けて [OK] をクリックします。
⓯ 長方形の中心線の中点をクリックして、Enter キーを押します。

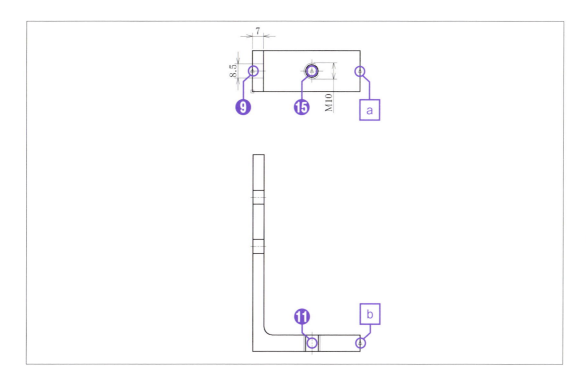

16 製作図用に寸法を記入します。

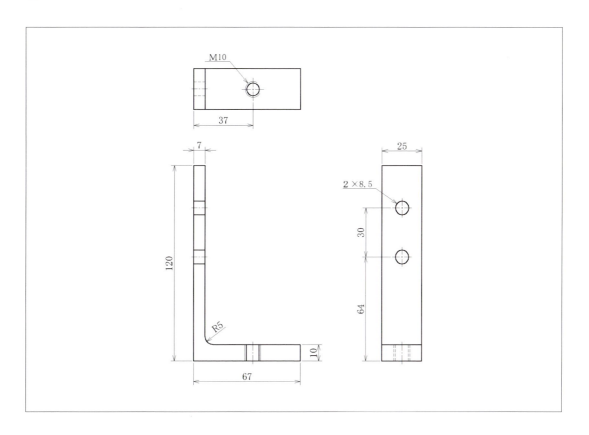

4-10 クランプ用ねじを製図する

　クランプ用ねじは、バイスを作業台に固定する部品です。複合アイコンに適合した図形なので、複合アイコンを利用して効率よく作図します。

▼ 作図寸法

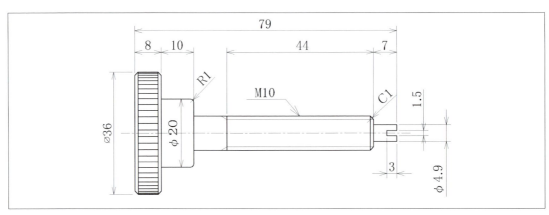

クランプ用ねじを作図する

❶ 「I」（📁）と入力し、Enter キーを押します。
❷ 「ブロック挿入」ダイアログボックスの [名前] で「4角C4」を選択します。
❸ 「X：8」「Y：36」と入力して、[OK] をクリックします。
❹ 任意の点をクリックして、Enter キーを押します。
❺ 「ブロック挿入」ダイアログボックスの [名前] で「4角R2横」を選択します。
❻ 「X：10」「Y：20」と入力して、[OK] をクリックします。
❼ 図形の右線の中点をクリックして、Enter キーを押します。
❽ 「ブロック挿入」ダイアログボックスの [名前] で「4角左中」を選択します。
❾ 「X：10」「Y：10」と入力して、[OK] をクリックします。
❿ 右部の図形の右線の中点をクリックして、Enter キーを押します。

⑪ 入力寸法を表示します。

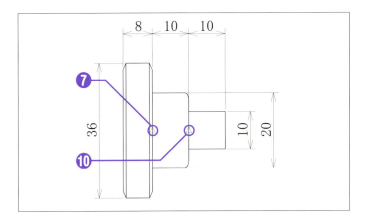

> **メモ**
>
> 図形の汎用性を考慮して、複合アイコン「四角 2R 横」を追加登録します。

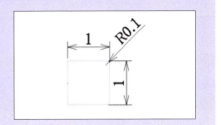

ねじ部を作図する

① 「I」（🖼）と入力し、Enter キーを押します。
② 「ブロック挿入」ダイアログボックスの [名前] で「おねじ右」を選択します。
③ 「X：44」「Y：10」と入力して、[OK] をクリックします。
④ 右部の図形の左線の中点をクリックして、Enter キーを押します。
⑤ 「ブロック挿入」ダイアログボックスの [名前] で「4 角左中」を選択します。
⑥ 「X：7」「Y：4.9」と入力して、[OK] をクリックします。
⑦ 右部の図形の右線の中点をクリックして、Enter キーを押します。
⑧ 入力寸法を表示します。

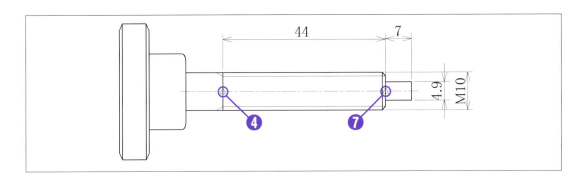

❾ 「I」（🖫）と入力して Enter キーを押します。
❿ 「ブロック挿入」ダイアログボックスの [名前] で「コ」を選択します。
⓫ 「X：-3」「Y：1.5」と入力して、[OK] をクリックします。
⓬ 右部の図形の右線の中点をクリックします。
⓭ 「TR」（ ⫽ ）と入力し、Enter キーを押します。
⓮ コの図形を選択して Enter キーを押し、コの中央をクリックして Enter キーを押します。

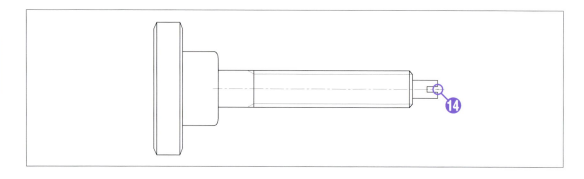

⓯ グリップ編集で中心線を延長します。
⓰ ローレットは工作機械で加工します。Esc キーを押して終了します。
⓱ 製作図用に寸法を記入します。

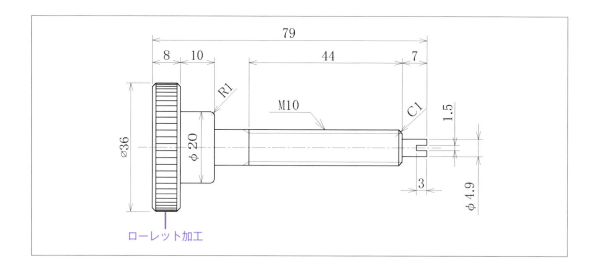

4-11 クランプ受け金具を製図する

　金具は、バイスを作業台にしっかり固定するため、接触面積を大きくした補助具です。複合アイコンとグリップ編集で作図します。

▼ 作図寸法

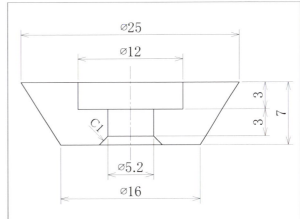

金具を作図する

① 「I」（🖼）と入力し、Enter キーを押します。
② 「ブロック挿入」ダイアログボックスの [名前] で「4 角中上」を選択します。
③ 「X：25」「Y：7」と入力して、[OK] をクリックします。
④ 任意の点をクリックして、Enter キーを押します。
⑤ 「X：12」「Y：3」と入力して、[OK] をクリックします。
⑥ 長方形の上線の中点をクリックして、Enter キーを押します。
⑦ 「X：5.2」「Y：3」と入力して、[OK] をクリックします。
⑧ 内部の長方形の下線の中点をクリックして、Enter キーを押します。
⑨ 入力寸法を表示します。

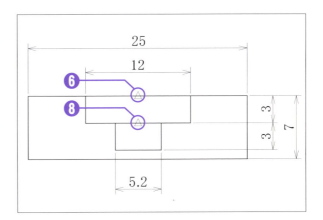

⑩ 「ブロック挿入」ダイアログボックスの [名前] で「平行中心縦」を選択します。
⑪ 「X：5.2」「Y：1」と入力して、[OK] をクリックします。
⑫ 長方形の下線の中点をクリックします。
⑬ 「I」（🖼）と入力して Enter キーを押します。

⑭ グリップ編集でd、e、f、g線をそれぞれ「4.5」、「1」移動します。d線をクリックしてd線を移動させる先端のグリップをもう一度クリックし（青から赤に変わります）、カーソル線を平行移動して「4.5」と入力し、Enterキーを押します。e、f、gの各線に同様の操作を行います。移動が終わったら、Escキーを押します。

⑮ 中心線をグリップ編集で延長します。また、下線の不要な線もグリップ編集で縮めます。Escキーを押して終了します。

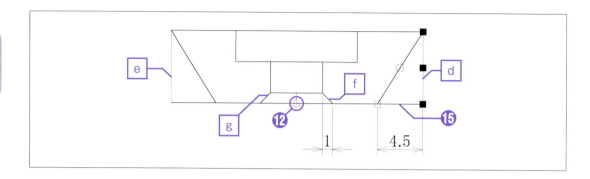

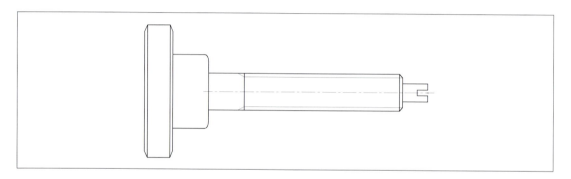

⑯ 製作図用に寸法を記入します。

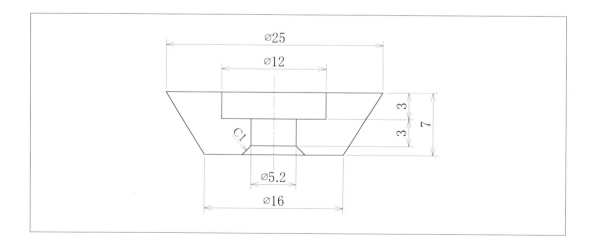

4-12 ガイド軸を製図する

ガイド軸は、スライド駒を正確にガイドします。複合アイコンで作図します。

▼ 作図寸法

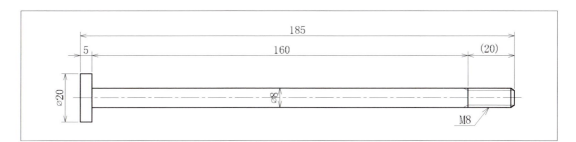

軸を作図する

❶ 「I」（🖼）と入力し、Enter キーを押します。
❷ 「ブロック挿入」ダイアログボックスの [名前] で「4 角左中」を選択します。
❸ 「X：5」「Y：20」と入力して、[OK] をクリックします。
❹ 任意の点をクリックして、Enter キーを押します。
❺ 「X：160」「Y：8」と入力して、[OK] をクリックします。
❻ 長方形の右線の中点をクリックして Enter キーを押します。
❼ 入力寸法を表示します。

❽ 「I」（🔲）と入力して Enter キーを押します。
❾ 「おねじ右」を選択します。
❿ 「X：20」「Y：8」と入力して、［OK］をクリックします。
⓫ 図形の右の中点をクリックして終了します。
⓬ 中心線をグリップ編集で延長します。Esc キーを押して終了します。

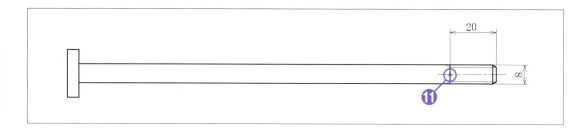

⓭ 製作図用に寸法を記入します。

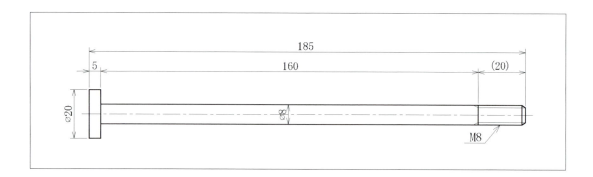

第5章
応用テクニックの実践

5-01 角度変換機構を作図する

　実践応用課題として、回転運動を角度に変換させる機構を作図します。動力は乾電池、モーターはミニカーから使用します。変換機構は、各種の歯車とクランク棒を組み合わせて180°に変換する構造です。試作品を作って可動することを確認することを目的にし、各種の部品を複合アイコン主体の作図法で作図をします。

角度変換機構の全体図

　角度変換機構の全体図は、次の通りです。作図を始める前に確認してください。

▼ 全体図

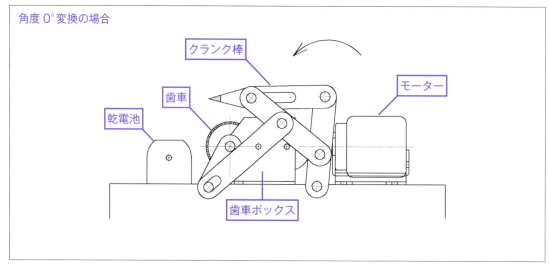

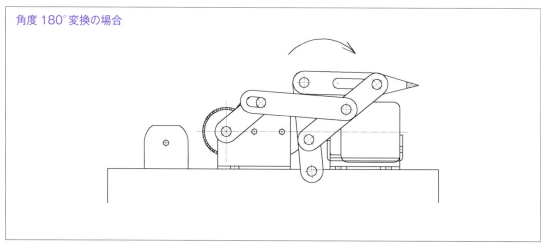

▼ 各部名称

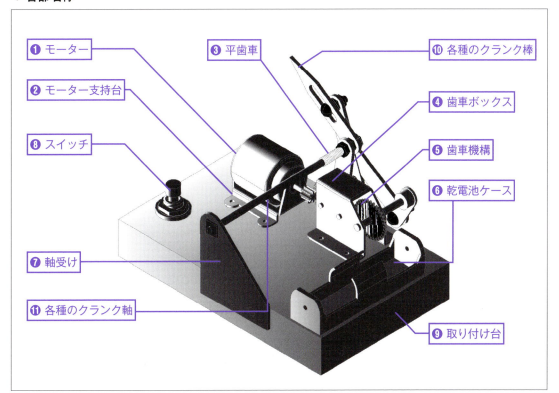

① モーター
② モーター支持台
③ 平歯車
④ 歯車ボックス
⑤ 歯車機構
⑥ 乾電池ケース
⑦ 軸受け
⑧ スイッチ
⑨ 取り付け台
⑩ 各種のクランク棒
⑪ 各種のクランク軸

5-02 モーターを製図する

モーターは目的に合わせ、各種の歯車とクランク棒を組み合わせて回転運動を 180° 回転に変換します。

▼ 作図寸法

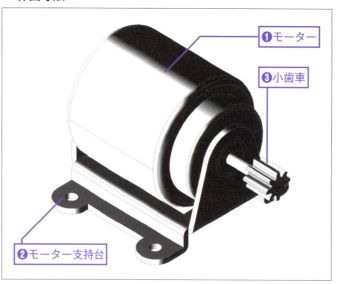

① モーター
② モーター支持台
③ 小歯車

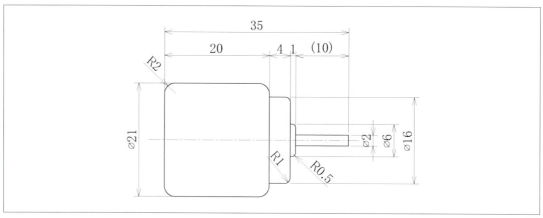

モーターを作図する

モーターは、複合アイコンの 4 角 R4、4 角 2R 横を用いて直接作図します。ただし、縦横比がそれぞれ違うため、比に対応した曲線になります。指定寸法を優先します (詳細は P.98 メモを参照)。

❶ 「I」（🖼）と入力し、 Enter キーを押します。
❷ 「ブロック挿入」ダイアログボックスの [名前] で「4 角 R4」を選択します。
❸ 「X：20」「Y：21」と入力して、[OK] をクリックします。

❹ 任意の点をクリックして Enter キーを押します。
❺ 「ブロック挿入」ダイアログボックスの [名前] で「4角R2横」を選択します。
❻ 「X：4」「Y：16」と入力して、[OK] をクリックします。
❼ a点をクリックして Enter キーを押します。Rの形状は若干違いますが図面寸法を優先します。
❽ 「X：1」「Y：6」と入力して、[OK] をクリックします。
❾ b点をクリックします。
❿ 入力寸法を表示します。

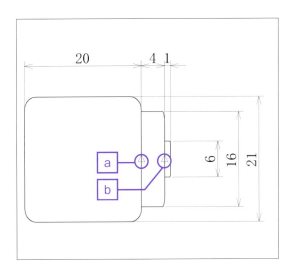

⓫ 「I」（🖻）と入力し、Enter キーを押します。
⓬ 「ブロック挿入」ダイアログボックスの [名前] で「コ中心」を選択します。
⓭ 「X：10」「Y：2」と入力して、[OK] をクリックします。
⓮ c点をクリックして終了します。
⓯ 中心線をグリップ編集で延長します。Esc キーを押して終了します。
⓰ 入力寸法を表示します。文字高さは、「オブジェクトプロパティ管理」パレットから [全体の寸法尺度：1] の設定値を「0.7」に変更します。図形の大小によって見やすくするために、随時調整してください。
⓱ 製作図用に寸法を記入します。

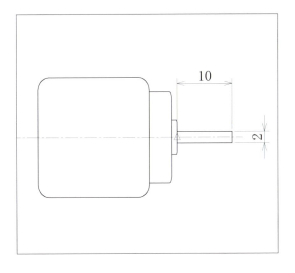

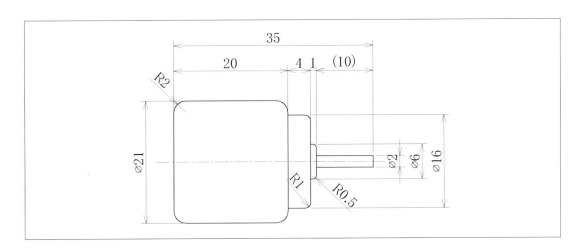

5-03 モーター支持台を製図する

　支持台は、モーターを固定し、できるだけ振動を抑えるためにねじで固定します。この支持台のように複雑な形状を作図するときは、特に複合アイコンが効力を発揮します。

▼ 作図寸法

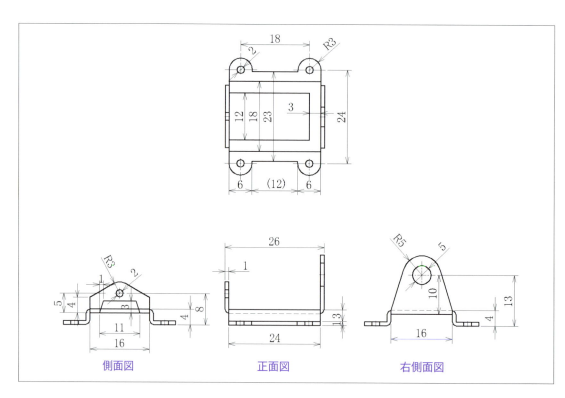

側面図　　　　　　　　正面図　　　　　　　　右側面図

支持台の正面図を作図する

1. 「I」（📷）と入力し、Enterキーを押します。
2. 「ブロック挿入」ダイアログボックスの [名前] で「4角左中」を選択します。
3. 「X：24」「Y：4」と入力して、[OK] をクリックします。
4. 任意の点をクリックして Enter キーを押します。
5. 「X：24」「Y：2」と入力して、[OK] をクリックします。
6. 長方形の左線の中点をクリックして Enter キーを押します。
7. 「ブロック挿入」ダイアログボックスの [名前] で「4角中下」を選択します。
8. 「X：12」「Y：1」と入力して、[OK] をクリックします。
9. 長方形の下線の中点をクリックして、Enter キーを押します。

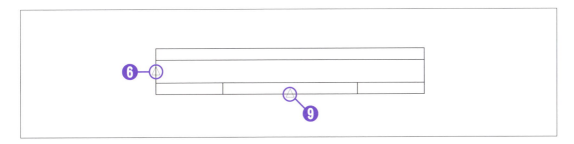

10. 「ブロック挿入」ダイアログボックスの [名前] で「線」を選択します。
11. 「X：18」と入力し、[分解] をクリックしてチェックを付けて [OK] をクリックします。線分の長さは、穴の位置寸法です。長方形の下線に重ねたため、分かりにくくなっています。
12. 入力寸法を表示します。

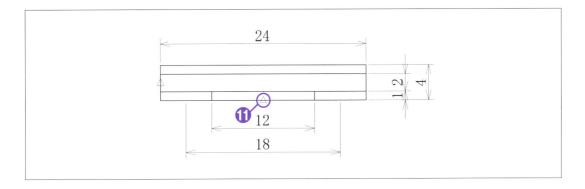

13. 「I」（📷）と入力し、Enterキーを押します。
14. 「ブロック挿入」ダイアログボックスの [名前] で「4角右下」を選択します。
15. 「X：1」、「Y：8」と入力して [OK] をクリックし、内部の平行線の左上端点をクリックして Enter キーを押します。
16. [名前] で「4角左下」を選択します。
17. 「X：1」「Y：15」と入力して、[OK] をクリックします。
18. 平行線の右上端点をクリックします。
19. 入力寸法を表示します。

165

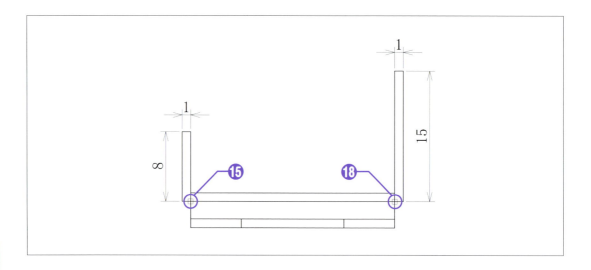

モーターの正面図を作図する

① 「I」（🖼）と入力し、Enter キーを押します。
② 「ブロック挿入」ダイアログボックスの [名前] で「平行破線中心縦」を選択します。
③ 「X：2」「Y：1」と入力して、[OK] をクリックします。
④ 長さ 18 の線分の左端点をクリックして、Enter キーを押します。
⑤ 「X：2」「Y：1」と入力して、[OK] をクリックします。
⑥ 長さ 18 の線分の右端点をクリックします。
⑦ 入力寸法を表示します。

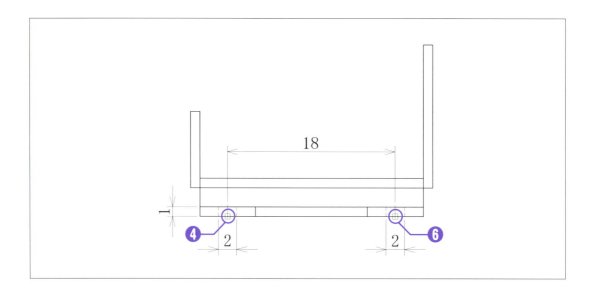

⑧ 「I」（🖼）と入力し、Enter キーを押します。
⑨ 「ブロック挿入」ダイアログボックスの [名前] で「9 点中下」を選択します。
⑩ 「X：26」「Y：10」と入力し、[OK] をクリックします。
⑪ 下中央の基点をクリックして、Enter キーを押します。

⓬ 「ブロック挿入」ダイアログボックスの [名前] で「平行破線中心」を選択します。
⓭ 「X：1」「Y：2」と入力して、[OK] をクリックします。
⓮ 左中央の基点をクリックして、Enter キーを押します。
⓯ 「X：-1」「Y：5」と入力して、[OK] をクリックします。
⓰ 右上の基点をクリックします。
⓱ 入力寸法を表示します。

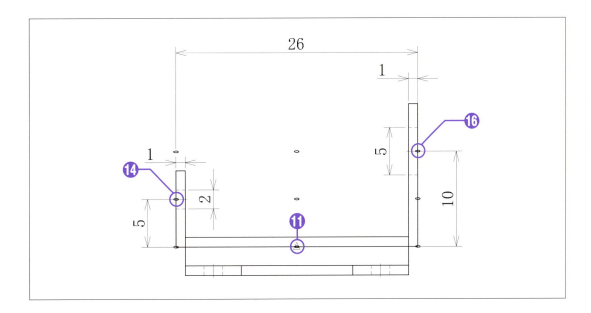

⓲ 「F」（▱）と入力し、Enter キーを押します。
⓳ 「R」と入力して Enter キーを押し、「1」と入力して Enter キーを押します。「M」または「U」と入力して Enter キーを押し、a、b の角 2 ヶ所をクリックして Enter キーを押します。中央の線の画層を破線に変換します。

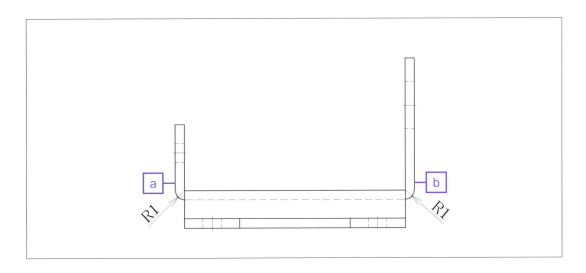

支持台の右側面図を作図する

　右側面図は分かりにくいので、AutoCAD の各バージョン共通で使用できる複合アイコンで作図します。

❶ 「I」（🔲）と入力し、Enter キーを押します。
❷ 「ブロック挿入」ダイアログボックスの [名前] で「コ縦」を選択します。
❸ 「X：18」「Y：3」と入力して、[OK] をクリックします。
❹ 任意の点をクリックして Enter キーを押します。
❺ 「X：16」「Y：2」と入力して、[OK] をクリックします。
❻ 中心をクリックします。
❼ 入力寸法を表示します。

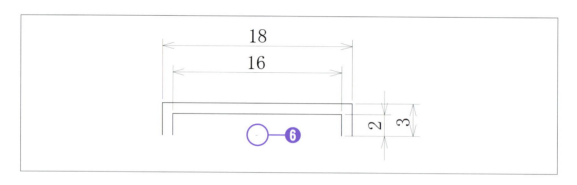

❽ 「I」（🔲）と入力し、Enter キーを押します。
❾ 「ブロック挿入」ダイアログボックスの [名前] で「コ」を選択します。
❿ 「X：6」「Y：1」と入力して、[OK] をクリックします。
⓫ 🔲を選択して外部図形の左下端点をクリックし、「@ 0,-0.5」と入力して Enter キーを 2 回押します。
⓬ 「X：6」「Y：1」「角度：180」と入力して、[OK] をクリックします。
⓭ 🔲を選択して外部図形の右下端点をクリックし、「@ 0,-0.5」と入力して Enter キーを押します。
⓮ 入力寸法を表示します。

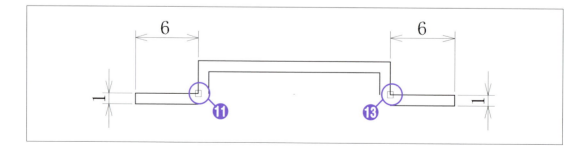

⓯ 「X」（🔲）と入力し、Enter キーを押します。
⓰ 図形全体を選択して Enter キーを押します。

⑰ 「F」（▱）と入力し、Enter キーを押します。
⑱ 「R」と入力して Enter キーを押し、「1」と入力して Enter キーを押します。
⑲ 「M」または「U」と入力して Enter キーを押し、a、b、c、d 点のそれぞれの角を 2 ヶ所をクリックして Enter キーを押します。
⑳ 入力寸法を表示します。

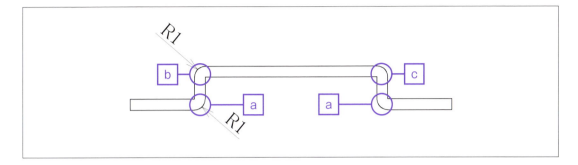

円を作図する

❶ 「I」（▱）と入力し、Enter キーを押します。
❷ 「ブロック挿入」ダイアログボックスの [名前] で「平行破線中心縦」を選択します。
❸ 「X：2」「Y：1」と入力して、[OK] をクリックします。
❹ 図形の左下中点をクリックして、Enter キーを押します。
❺ 「X：2」「Y：1」と入力して、[OK] をクリックします。
❻ 図形の右下中点をクリックします。
❼ 入力寸法を表示します。

❽ 外形線を破線に変更します。

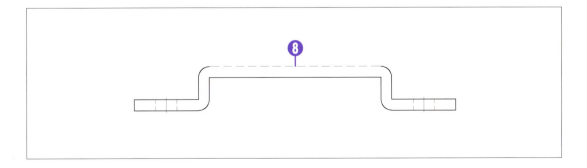

三角形を作図する

❶ 「I」（🔲）と入力し、Enter キーを押します。
❷ 「ブロック挿入」ダイアログボックスの [名前] で「三角形上 R」を選択します。
❸ 「X：16」「Y：10」と入力して、[OK] をクリックします。
❹ 図形の中央下の中点をクリックします。
❺ 「X」（🔲）と入力し、Enter キーを押します。
❻ 三角形の図形をクリックして、Enter キーを押します。
❼ 入力寸法を表示します。

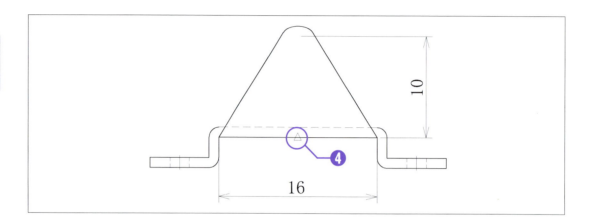

❽ 「CH」（🔲）と入力し、Enter キーを押します。「オブジェクトプロパティ管理」ウィンドウが表示されます。
❾ 円弧をクリックして主軸の半径に「5」、副軸の半径に「5」と入力して Enter キーを押し、Esc キーを押します。

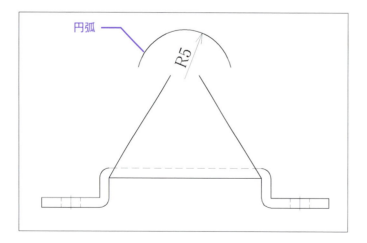

❿ グリップ編集で角度線の先端を移動します。三角形の左辺の先端をダブルクリックし、先端のグリップを円弧の左端点に合わせてクリックします。同様に三角形の右辺の先端をダブルクリックし、先端グリップを円弧の右端点に合わせてクリックします。Esc キーを押します。

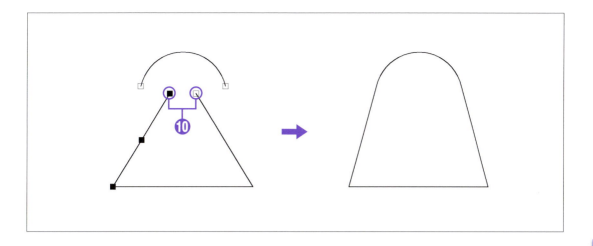

⑪ 「I」（🔲）と入力し、Enter キーを押します。
⑫ 「ブロック挿入」ダイアログボックスの [名前] で「円」を選択します。
⑬ 「X：5」と入力し、[分解] をクリックしてチェックを付けて [OK] をクリックし、円の中心をクリックします（オブジェクトスナップで「中心」を指定します）。
⑭ 製作図用に寸法を記入します。

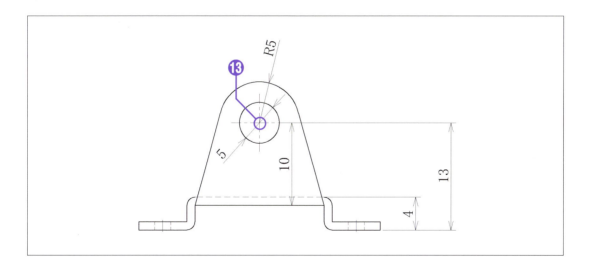

支持台の左側面図を作図する

❶ 「CP」（🔲）と入力し、Enter キーを押します。
❷ 右側面図の架台部を選択して Enter キーを押します。
❸ 架台の中央下の中点をクリックしてカーソルを左側に平行移動し、任意の点をクリックします。
　AutoCAD の場合は、続けて Enter キーを押します。

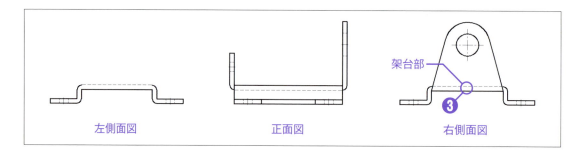

④ 「I」（🔳）と入力し、Enter キーを押します。
⑤ 「ブロック挿入」ダイアログボックスの [名前] で「4 角中下」を選択します。
⑥ 「X：11」「Y：3」と入力して、[OK] をクリックします。
⑦ 左部の図形中央下の中点をクリックします。
⑧ 入力寸法を表示します。

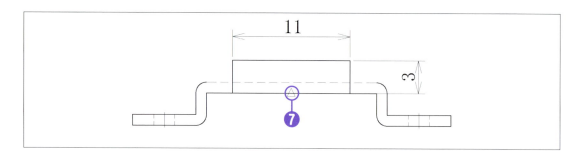

⑨ 「I」（🔳）と入力し、Enter キーを押します。
⑩ 「X：16」「Y：4」と入力して、[OK] をクリックします。
⑪ ⑦でクリックした点をクリックして Enter キーを押します。
⑫ 「ブロック挿入」ダイアログボックスの [名前] で「三角形上 R」を選択します。
⑬ 「X：16」「Y：1」と入力して、[OK] をクリックします。
⑭ 図形の上の中点をクリックします。
⑮ 「X」（🔳）と入力し、Enter キーを押します。三角形の図形をクリックして、Enter キーを押します。
⑯ 入力寸法を表示します。

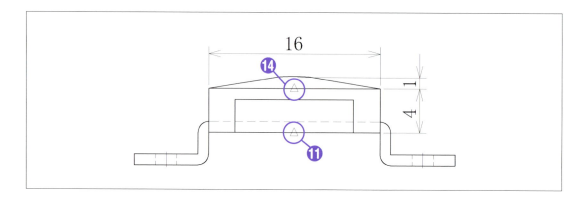

⑰ 「CH」（▣）と入力し、Enter キーを押します。「オブジェクトプロパティ管理」ウィンドウが表示されます。

⑱ 円弧をクリックして主軸の半径に「3」と入力し、副軸の半径に「3」と入力して Enter キーを押し、Esc キーを押します。

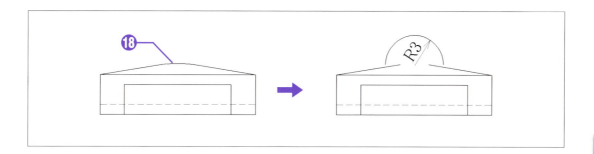

⑲ グリップ編集で角度線の先端を移動します。三角形の左上の先端をダブルクリックし、赤くなった先端のグリップを垂直（直交モードをオン）に移動して、円弧の左端点をクリックします（スナップは近接点で指定します）。同様に三角形の右上の先端をダブルクリックし、赤くなった先端のグリップを垂直に移動して円弧の右端点をクリックして Esc キーを押します。

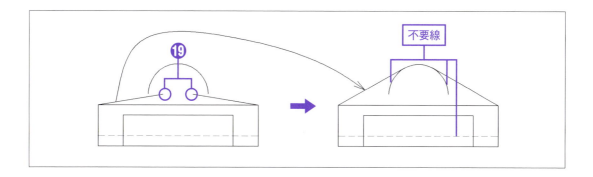

⑳ 「TR」（⊬）と入力し、Enter キーを押します。図形全体を選択して Enter キーを押し、円弧の不要線と破線の中央をクリックして、Enter キーを押します。

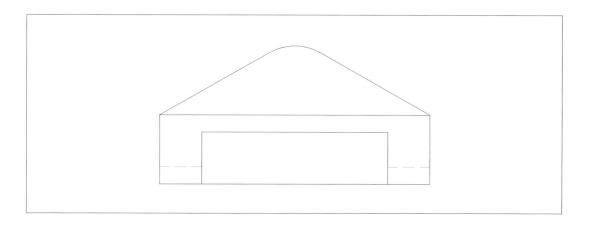

円を作図する

❶ 「I」（🔲）と入力し、Enter キーを押します。
❷ 「ブロック挿入」ダイアログボックスの [名前] で「円」を選択します。
❸ 「X：2」と入力し、[分解] をクリックしてチェックを付けて [OK] をクリックします。
❹ 円の中心をクリックします。
❺ 内部の長方形の上線をクリックして選択します。右クリックし、[複写] を選択します。再度同じ線の左先端をクリックして破線の右端点をクリックします。AutoCAD の場合は、続けて Enter キーを押します。

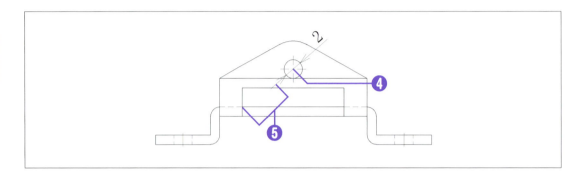

❻ 内部長方形の左上端点をダブルクリックし、先端のグリップを右に水平移動し、1 と入力して Enter キーを押します。
❼ 同様に、内部長方形の右上をダブルクリックし、先端のグリップを左に水平移動し、1 と入力して Enter と Esc キーを押します。
❽ グリップ編集で台形の左右の先端の不要線を短縮して Esc キーを押します。

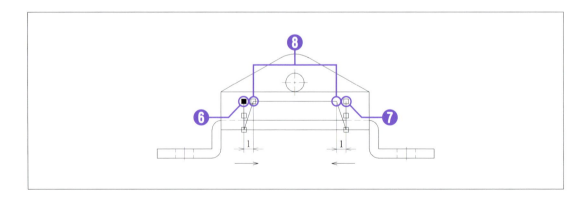

❾ 製作図用に寸法を記入します。

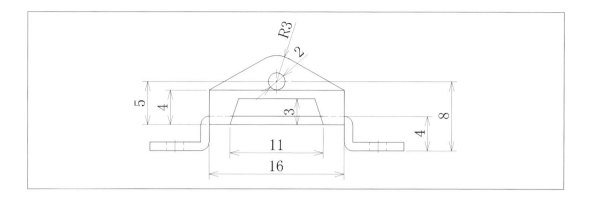

支持台の平面図を作図する

① 「I」(🔲) と入力し、Enter キーを押します。
② 「ブロック挿入」ダイアログボックスの [名前] で「4角左中」を選択します。
③ 「X：24」「Y：23」と入力して、[OK] をクリックします。
④ 任意の点をクリックして Enter キーを押します。
⑤ 「ブロック挿入」ダイアログボックスで「X：24」「Y：18」と入力して、[OK] をクリックします。
⑥ 図形の左線の中点をクリックして、Enter キーを押します。
⑦ 「ブロック挿入」ダイアログボックスで「X：21」「Y：12」と入力して、[OK] をクリックします。
⑧ 図形の左線の中点をクリックして、Enter キーを押します。
⑨ 「ブロック挿入」ダイアログボックスで「X：1」「Y：16」と入力して、[OK] をクリックします。
⑩ 図形の右線の中点をクリックして、Enter キーを押します。
⑪ 入力寸法を表示します。
⑫ 「I」(🔲) と入力し、Enter キーを押します。
⑬ 「ブロック挿入」ダイアログボックスの [名前] で「4角右中」を選択します。
⑭ 「X：1」「Y：16」と入力して、[OK] をクリックします。
⑮ 図形の左線の中点をクリックして、Enter キーを押します。

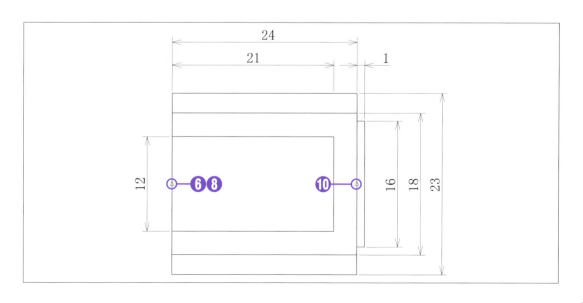

円を作図する

❶ 「ブロック挿入」ダイアログボックスの[名前]で「4点中下」を選択します。
❷ 「X：6」「Y：12」と入力して、[OK]をクリックします。
❸ 図形の左線の中点をクリックして Enter キーを押します。
❹ 「ブロック挿入」ダイアログボックスの[名前]で「半円」を選択します。
❺ 「X：6」と入力して、[分解]をクリックしてチェックを付けて[OK]をクリックし、間隔用基点の上中央をクリックします。
❻ 入力寸法を表示します。

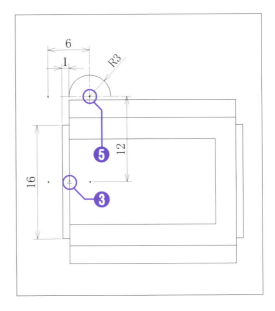

❼ 「I」（🖼）と入力し、 Enter キーを押します。
❽ 「ブロック挿入」ダイアログボックスの[名前]で「円」を選択します。
❾ 「X：2」と入力して[OK]をクリックし、半円の中心をクリックして Enter キーを押します。
❿ 「ブロック挿入」ダイアログボックスの[名前]で「平行縦」を選択します。
⓫ 「X：6」と入力します。[分解]と[XYZ尺度を均一に設定]のチェックを外し、「Y：0.5」と入力して[OK]をクリックします。
⓬ 円の縦中心線と図形の交点をクリックして Enter キーを押します。

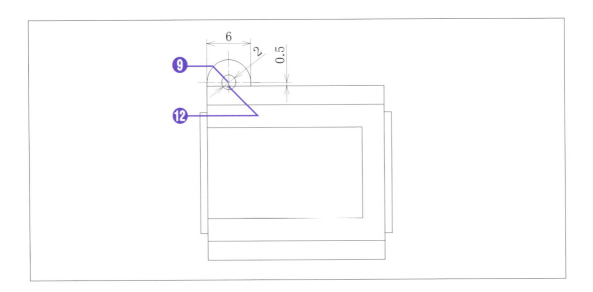

⓭ 「ブロック挿入」ダイアログボックスの[名前]で「平行破線中心」を選択します。
⓮ 「X：1」「Y：2」と入力して、[OK]をクリックします。

⑮ 図形の左中点をクリックして、Enterキーを押します。
⑯ 「X：1」「Y：5」と入力して、[OK] をクリックします。
⑰ 右部長方形の左中点をクリックします。
⑱ 入力寸法を表示します。
⑲ 「MI」（◭）と入力し、Enterキーを押します。
⑳ 円（中心線を含む）と円弧と平行線を選択してEnterキーを押し、⑮⑰と同じ点をクリックしてEnterキーを2回押します。
㉑ 上下の図形を選択してEnterキーを押し、図形の上下の中点をクリックしてEnterキーを押します。

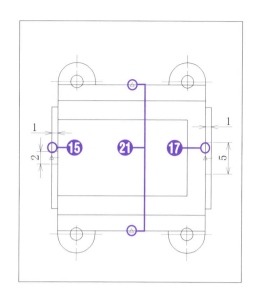

㉒ 「TR」（-/-）と入力し、Enterキーを押します。平行線（内側の線）の4ヶ所をクリックして、Enterキーを押します。各円弧の下にある不要な線（緑色）をクリックしてEnterキーを押します。
㉓ 製作図用に寸法を記入します。

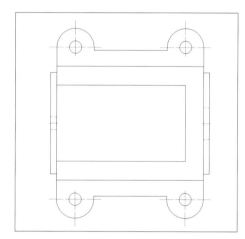

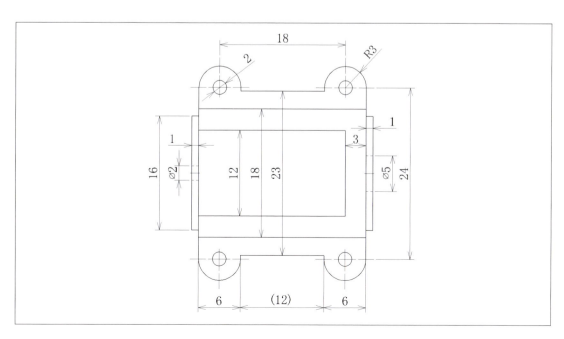

5-04 歯車ボックスを製図する

　歯車ボックスは、歯車の大きさを組み合わせて回転比を出すために、それぞれの歯車の位置を固定します。作図するときは、外形線を描いてから、軸のピッチを描くとよいでしょう。

▼ 作図寸法

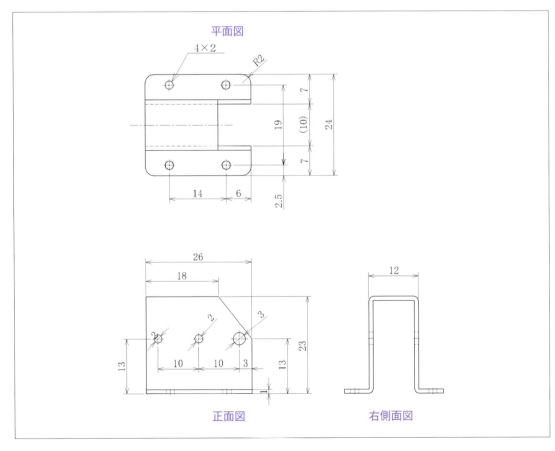

ボックスの正面図を製図する

① 「I」（📷）と入力し、Enter キーを押します。
② 「ブロック挿入」ダイアログボックスの [名前] で「4 角左下」を選択します。
③ 「X：26」「Y：1」と入力して、[OK] をクリックします。
④ 任意の点をクリックします。
⑤ 「X：26」「Y：22」と入力して、[OK] をクリックします。
⑥ 長方形の左下端点をクリックして Enter キーを押します。
⑦ 「X」（📷）と入力し、Enter キーを押します。図形をクリックして Enter キーを押します。
⑧ 「CHA」（📷）と入力し、Enter キーを押します。「D」と入力して Enter キーを押し、「8」と入力して Enter キーを押し、「10」と入力して Enter キーを押し、図形の右上角の 2 線をクリックします。
⑨ 入力寸法を表示します。

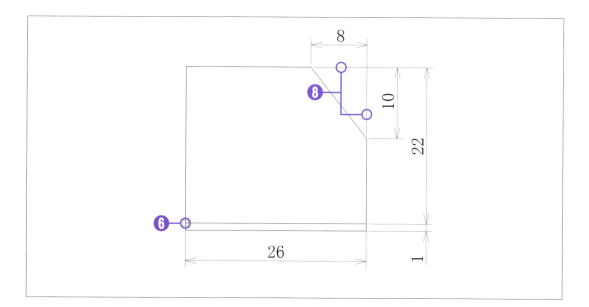

ボックスを作図する

① 「I」（📷）と入力し、Enter キーを押します。
② 「ブロック挿入」ダイアログボックスの [名前] で「9 点中下」を選択します。
③ 「X：20」「Y：13」と入力して、[OK] をクリックします。
④ 図形の下の中点をクリックして、Enter キーを押します。
⑤ 「X：14」「Y：1」と入力して、[OK] をクリックします。
⑥ 図形の下の中点をクリックして、Enter キーを押します。
⑦ 入力寸法を表示します。

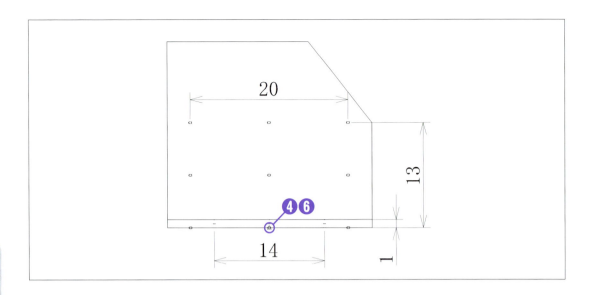

❽ 「I」（🔲）と入力し、Enter キーを押します。
❾ 「ブロック挿入」ダイアログボックスの [名前] で「円」を選択します。
❿ 「X：2」と入力し、[分解] をクリックしてチェックを付けて [OK] をクリックし、左上の点をクリックし、Enter キーを押します。
⓫ 「X：2」と入力して [OK] をクリックし、中央上の点をクリックして Enter キーを押します。
⓬ 「X：3」と入力して [OK] をクリックし、右上の点をクリックして Enter キーを押します。
⓭ 「ブロック挿入」ダイアログボックスの [名前] で「平行破線中心縦」を選択します。
⓮ 「X：2」と入力します。[分解] と [XYZ 尺度を均一に設定] のチェックを外します。
⓯ 「Y：1」と入力して [OK] をクリックし、間隔 14 の左の点をクリックして Enter キーを押します。「X：2」「Y：1」と入力して [OK] をクリックします。
⓰ 間隔 14 の右の点をクリックします。
⓱ 入力寸法を表示します。

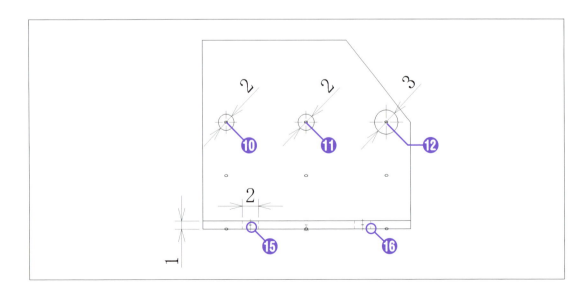

ボックスの右側面図を作図する

❶ 「I」(🔲)と入力し、Enter キーを押します。
❷ 「ブロック挿入」ダイアログボックスの[名前]で「4角中下」を選択します。
❸ 「X：24」「Y：1」と入力して、[OK]をクリックします。
❹ 図形の下線にカーソル線を重ねて右側に移動して任意の点をクリックし、Enter キーを押します。
❺ 「ブロック挿入」ダイアログボックスの[名前]で「コ縦」を選択します。
❻ 「X：10」「Y：22」と入力して、[OK]をクリックします。
❼ 右部の長方形の下線中点をクリックして、Enter キーを押します。
❽ 「X：12」「Y：22」と入力して、[OK]をクリックします。
❾ 右部の長方形の上線中点をクリックします。
❿ 入力寸法を表示します。

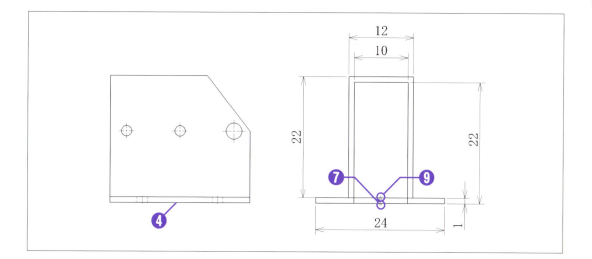

⓫ 「I」(🔲)と入力し、Enter キーを押します。
⓬ 「ブロック挿入」ダイアログボックスの[名前]で「4点中下」を選択します。
⓭ 「X：12」「Y：13」と入力して、[OK]をクリックします。
⓮ 右部の長方形の下線中点をクリックして、Enter キーを押します。
⓯ 「X：19」「Y：1」と入力して、[OK]をクリックします。
⓰ 右部の長方形の下線中点をクリックします。
⓱ 入力寸法を表示します。

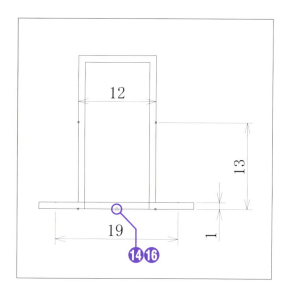

⑱ 「X」（🖼）と入力し、Enter キーを押します。図形をクリックして、Enter キーを押します。
⑲ 「TR」（/-）と入力し、Enter キーを押します。図形を選択し、Enter キーを押して不要な線（緑色の線）をクリックして Enter キーを押します。
⑳ 「F」（□）と入力し、Enter キーを押します。
㉑ 「R」と入力して Enter キーを押し、「1」と入力して Enter キーを押します。「M」または「U」と入力して Enter キーを押し、上下の4カ所の角をクリックして Enter キーを押します。
㉒ 入力寸法を表示します。

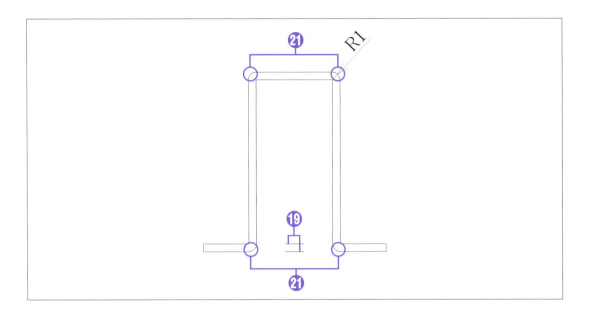

ボックスの正面図を作図する

❶ 「I」（🖼）と入力し、Enter キーを押します。
❷ 「ブロック挿入」ダイアログボックスの [名前] で「平行破線中心」を選択します。
❸ 「X：1」「Y：3」と入力して、[OK] をクリックします。
❹ 左上の基点をクリックして、Enter キーを押します。
❺ 「X：-1」「Y：3」と入力して、[OK] をクリックします。
❻ 右上の基点をクリックします。
❼ 「ブロック挿入」ダイアログボックスの [名前] で「平行破線中心縦」を選択します。
❽ 「X：2」「Y：1」と入力して、[OK] をクリックします。
❾ 間隔 19 の左の点をクリックして、Enter キーを押します。
❿ 「X：2」「Y：1」と入力して、[OK] をクリックします。
⓫ 間隔 19 の右の点をクリックします。
⓬ 入力寸法を表示します。

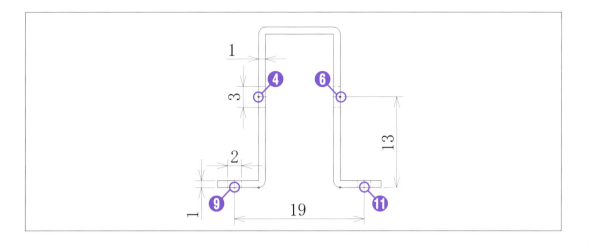

⓭ 製作図用に寸法を記入します。

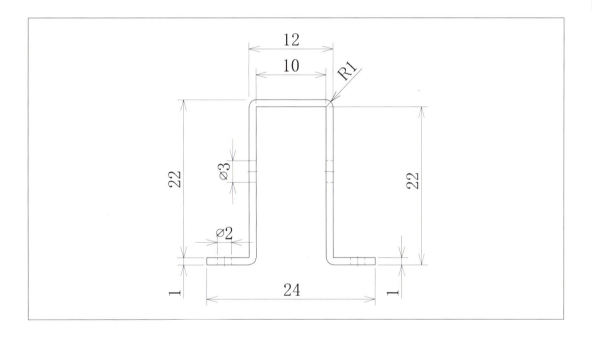

ボックスの平面図を作図する

❶ 「I」(🖫) と入力し、Enter キーを押します。
❷ [名前] で「4角左下」を選択します。
❸ 「X：26」「Y：6」と入力して、[OK] をクリックします。
❹ 正面図の左線にカーソル線を重ねて上に垂直移動し、任意の点をクリックして Enter キーを押します。
❺ 「X：18」「Y：12」と入力して、[OK] をクリックします。
❻ 長方形の左上端点をクリックして Enter キーを押します。
❼ 「X：26」「Y：6」と入力して、[OK] をクリックします。
❽ 上部の長方形の左上端点をクリックします。

❾ 入力寸法を表示します。

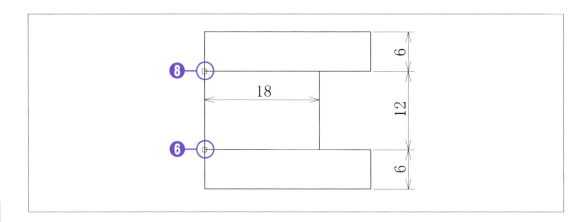

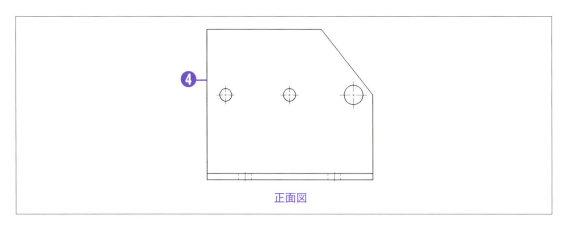

❿ 「I」（🔲）と入力し、Enter キーを押します。
⓫ 「ブロック挿入」ダイアログボックスの [名前] で「平行破線中心」を選択します。
⓬ 「X：18」「Y：10」と入力して、[OK] をクリックします。
⓭ 図形の左の中点をクリックして、Enter キーを押します。
⓮ 「ブロック挿入」ダイアログボックスの [名前] で「4 角左下」を選択します。
⓯ 「X：8」「Y：1」と入力して、[OK] をクリックします。
⓰ 中部の長方形の右下端点をクリックして、Enter キーを押します。
⓱ 「X：8」「Y：1」と入力して、[OK] をクリックします。
⓲ 長方形の右上破線の端点をクリックします。
⓳ 入力寸法を表示します。

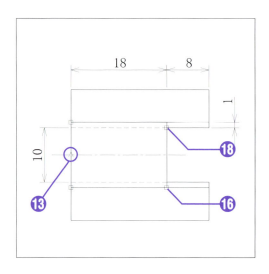

184

ボックスの穴を作図する

① 「I」（🗔）と入力し、Enter キーを押します。
② 「ブロック挿入」ダイアログボックスの [名前] で「4 点中下」を選択します。
③ 「X：14」「Y：2.5」と入力して、[OK] をクリックします。
④ 図形の下の中点をクリックして Enter キーを押します。
⑤ 「X：14」「Y：21.5」と入力して、[OK] をクリックします。
⑥ 図形の下の中点をクリックします。
⑦ 入力寸法を表示します。
⑧ 「I」（🗔）と入力し、Enter キーを押します。
⑨ 「ブロック挿入」ダイアログボックスの [名前] で「円」を選択します。
⑩ 「X：2」「Y：2」と入力して、[OK] をクリックします。
⑪ 基点（14）の左上（2.5）をクリックします。

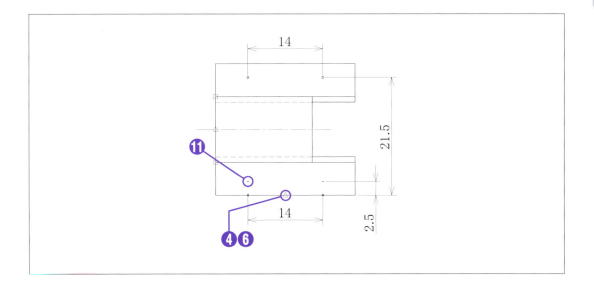

⑫ 円の中心を 2 回クリックし、右クリックして複写を選択し、a 点、b 点、c 点をクリックして Enter キーと続けて Esc キーを押します。
⑬ 入力寸法を表示します。
⑭ 「F」（🗔）と入力し、Enter キーを押します。
⑮ 「R」と入力して Enter キーを押し、「2」と入力して Enter キーを押します。
⑯ 「M」または「U」と入力して Enter キーを押し、図形の角 4 カ所をクリックして Enter キーを押します。
⑰ 製作図用に寸法を記入します。

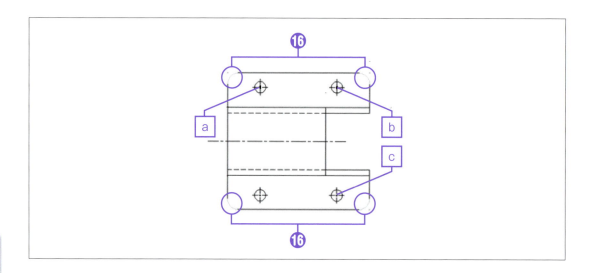

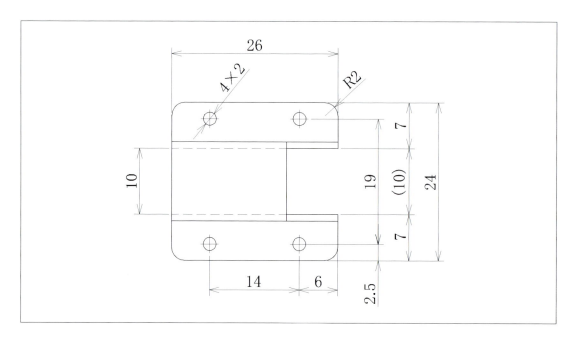

5-05 歯車機構を作図する

　歯車機構は、歯車ボックスと各種の歯車とそれらを支えている軸の構成で成り立っています。使用目的に合わせて歯車の大きさと位置がきまります。確実に伝えるための構造です。

歯車機構の概要

　ここでは、次のような歯車機構を作図します。

▼ 完成図

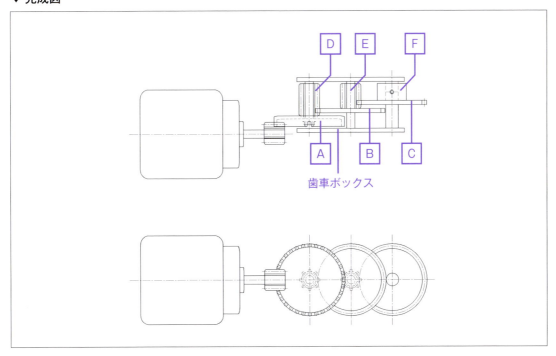

歯車ボックス

▼ 要目表（単位㎜）

項目＼各種歯車	A 外歯車・BC 平歯車	DE 平歯車
圧力角	20°	20°
モジュール	0.5	0.5
歯数	32	8
歯先円直径	17	5
基準ピッチ円直径	16	4
基底円直径	14.75	2.75
ピッチ	1.57	1.57
円弧歯厚	0.78	0.78

歯車の正面図を作図する

　歯車の作図は、基準寸法が決まると各種の関連寸法が決定されます。事前に位置を設定して連続作図をします。最初に、A外歯車を作図します。A外歯車の概要は、次のとおりです。

▼ A外歯車の概要

❶ 「I」（🔲）と入力し、Enter キーを押します。
❷ 「ブロック挿入」ダイアログボックスの [名前] で「円」を選択します。
❸ 「X：17」と入力し、[分解] をクリックしてチェックを付けて [OK] をクリックします。任意の点をクリックして Enter キーを押します。
❹ 「ブロック挿入」ダイアログボックスの [名前] で「9点中下」を選択します。
❺ 「X：15.6」と入力します。[分解] と [XYZ尺度を均一に設定] のチェックを外し、「Y：2」と入力して [OK] をクリックします。
❻ 円の中心をクリックします。

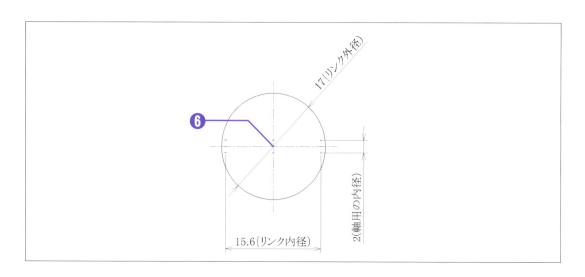

❼ 「O」(📋) と入力し、Enter キーを押します。
❽ 「T」と入力して Enter キーを押し、a 線をクリックして b 点をクリックし、a 線をクリックして c 点をクリックし、Enter キーを押します。
❾ 「I」(📋) と入力し、Enter キーを押します。
❿ 「ブロック挿入」ダイアログボックスの [名前] で「平行中心」を選択します。
⓫ 「X：0.7」「Y：0.78」と入力して、[OK] をクリックします。
⓬ d 点をクリックします。
⓭ 入力寸法を表示します。

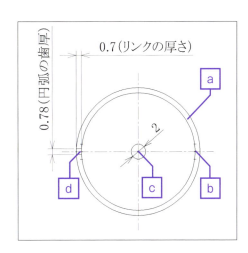

配列複写で作図する

❶ 「AR」(📋) と入力し、Enter キーを押します。[配列複写] ダイアログボックスが表示されます。
❷ [円形配列複写] を選択します。
❸ [複写の回数] に「32」、[全体の複写角度] に「360」と入力します。
❹ [オブジェクトを選択] をクリックし、図の a 部分を選択して Enter キーを押します。
❺ [中心点] をクリックし、円の中心をクリックします。
❻ [OK] をクリックします。

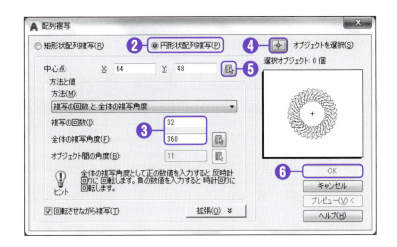

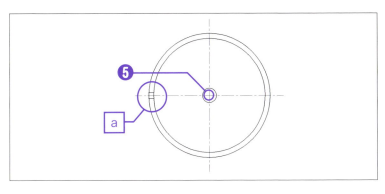

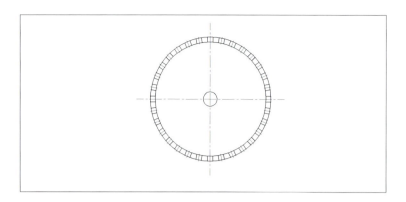

平面図を作図する

1. 「I」（🔲）と入力し、Enter キーを押します。
2. 「ブロック挿入」ダイアログボックスの［名前］で「4角R2」を選択します。
3. 「X：17」「Y：2.5」と入力して、［OK］をクリックします。
4. 縦中心線にカーソル線を重ねて上に垂直移動し、任意の点をクリックして Enter キーを押します。
5. 「X：15.6」「Y：1.8」と入力して、［OK］をクリックします。
6. 図形の下中点をクリックして、Enter キーを押します。
7. 「ブロック挿入」ダイアログボックスの［名前］で「平行破線中心縦」を選択します。
8. 「X：2」「Y：0.7」と入力して、［OK］をクリックします。
9. 内部図形の上中点をクリックします。
10. 入力寸法を表示します。

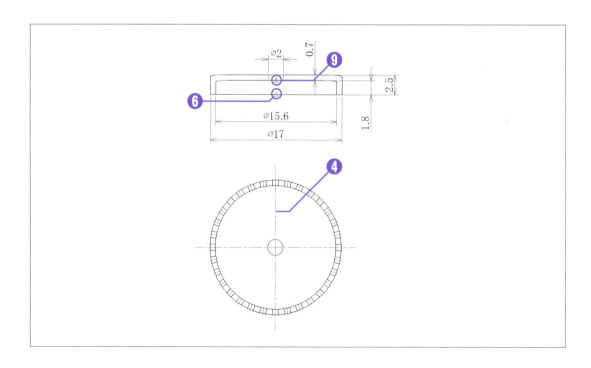

歯車の歯形を製図する

歯車のモジュールについて

図の様に、歯車の歯形の大きさはモジュールで表します。

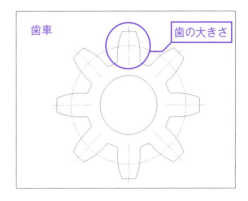

また、モジュールは、歯車のピッチ円直径と歯数の比で表します。

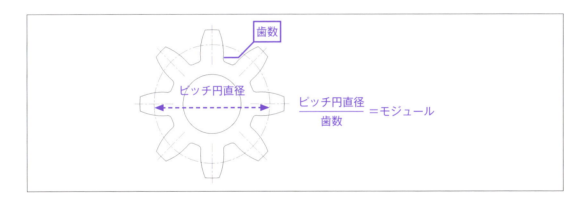

モジュールは、「1、2、3、4mm など」といったように表示されます。歯形は、モジュールの大きさを基準に作図し、実際の歯車、歯形製図は略図で描きます。次の図は、歯形モジュール1の作図例（具体的な作図方法は割愛します）です。各寸法は次表の計算式で求め、図形は複合アイコンとして登録しました。

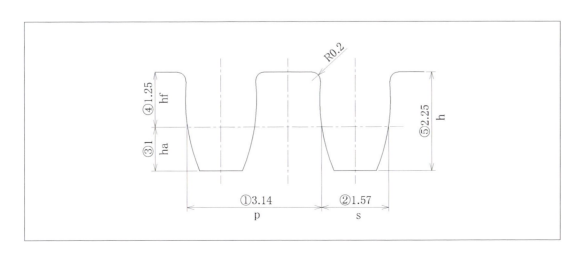

▼ 歯車の計算式

名称	計算式	計算値
①ピッチ：p	P=rm	3.14=3.14×1
②歯厚：S	S=p/2=rm/2	1.57=3.14/2
③歯末のたけ：ha	ha=m	1=1
④歯元のたけ：hf	hf=ha+c=1.25m	1.25=1.25×1
⑤歯たけ：h	h=2.25m	2.25=2.25×1

A 外歯車のモジュール：0.5 を作図する

❶ 「I」（📋）と入力し、Enter キーを押します。
❷ 「ブロック挿入」ダイアログボックスの [名前] で「モジュール 1 の歯型」を選択します。
❸ 「X：0.5」「Y：0.5」と入力して、[OK] をクリックします（モジュール 1 で作成したので、0.5/1=0.5 となります）。
❹ f 点をクリックします。
❺ 入力寸法を表示します。

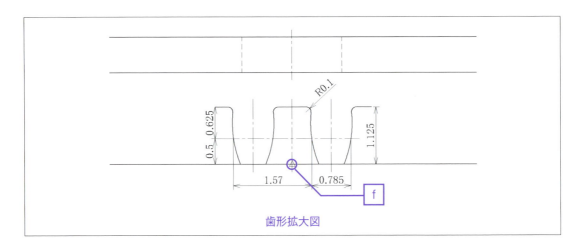

歯形拡大図

❻ 製作図用に寸法を記入します。

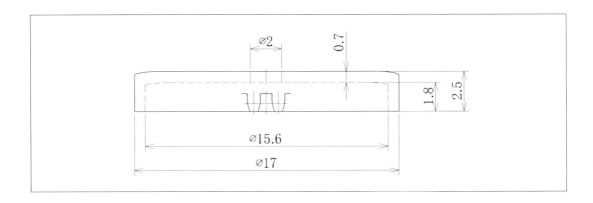

5-06 BとC歯車を製図する

　BとCの歯車は、JIS規格に合わせて作図します。BとCの歯車の違いは、軸用内径寸法がBは2、Cは3になっていることです。それ以外は、すべて同形です。

▼ 作図寸法

▼ B・C歯車要目表

歯形	並歯
圧力角	20°
モジュール	0.5
歯数	32
歯先円直径	17
円弧歯厚	0.75

正面図を作図する

1. 「I」（🔲）と入力し、Enter キーを押します。
2. 「ブロック挿入」ダイアログボックスの[名前]で「円」を選択します。
3. 「X：17」と入力し、[分解]をクリックしてチェックを付けて[OK]をクリックし、任意の点をクリックして Enter キーを押します。
4. 「ブロック挿入」ダイアログボックスの[名前]で「9点中下」を選択します。
5. 「X：14.8」と入力します。[分解]と[XYZ尺度を均一に設定]のチェックを外し、「Y：2」と入力して[OK]をクリックします。
6. 円の中心をクリックします。
7. 入力寸法を表示します。

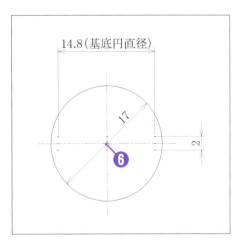

❽ 「I」（🖼）と入力し、Enterキーを押します。
❾ 「X：16」「Y：3」と入力して、[OK] をクリックします。
❿ 円の中心をクリックします。
⓫ 入力寸法を表示します。

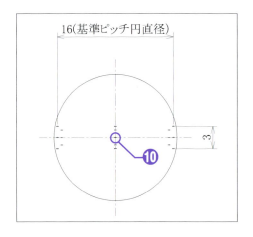

⓬ 「O」（🖼）と入力し、Enterキーを押します。
⓭ 「T」と入力してEnterキーを押し、a線、b点をの順にクリックします。同様に、b線、c点、c線、d点、d線、e点の順にクリックしてEnterキーを押します。

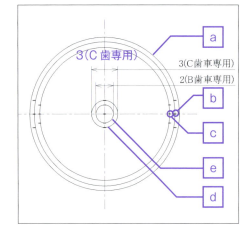

平面図を作図する

❶ 「I」（🖼）と入力し、Enterキーを押します。
❷ 「ブロック挿入」ダイアログボックスの [名前] で「4角中下」を選択します。
❸ 「X：17」「Y：1」と入力して、[OK] をクリックします。
❹ カーソル線を縦の中心線に重ねて上に垂直移動し、任意の点をクリックしてEnterキーを押します。
❺ 「X：14.8」「Y：1」と入力して、[OK] をクリックします。
❻ 長方形の下の中点をクリックして、Enterキーを押します。
❼ 入力寸法を表示します。

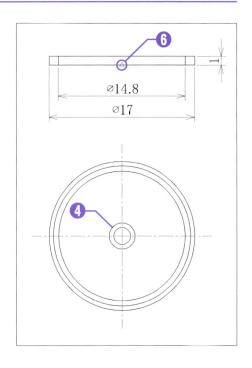

軸径を作図する

軸径を作図します。歯車 B と歯車 C でサイズが異なります。

┣━━ B 歯車の場合

1. 「I」（🖼）と入力して Enter キーを押します。
2. 「ブロック挿入」ダイアログボックスの［名前］で「平行中心縦」を選択します。
3. 「X：2」「Y：1」と入力して、［OK］をクリックします。
4. 長方形の下中点をクリックします。
5. 入力寸法を表示します。

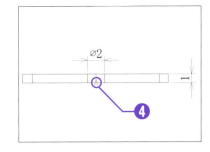

┣━━ C 歯車の場合

1. 「I」（🖼）と入力し、Enter キーを押します。
2. 「X：3」「Y：1」と入力して、［OK］をクリックします。
3. 長方形の下中点をクリックします。
4. 入力寸法を表示します。
5. 「I」（🖼）と入力して Enter キーを押します。
6. 「X：16」「Y：1」と入力して［OK］をクリックします。
7. 長方形の下中点をクリックします。
8. f 線を「中心線」画層に移動します。
9. 「LT」と入力して Enter キーを押し、「線種管理」ダイアログボックスで［グローバル線種尺度］を調整します。
10. 入力寸法を表示します。

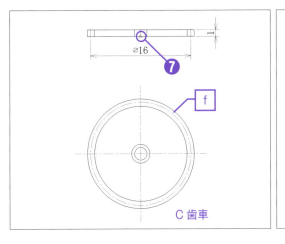

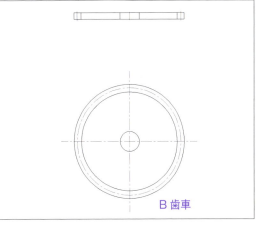

> **メモ**
>
> 線種尺度を個別に調整したい場合は、「CH」コマンドを実行してオブジェクトプロパティ管理を開き、［線種尺度］を変更します。

5-07 モーターに取り付ける小歯車を製図する

モーターの回転力を伝えるために歯車を付けます。また、回転が空回りしないようにしっかり固定します。

▼作図寸法

▼要目表

小平歯車	mm
圧力角	20°
モジュール	0.5
歯数	8
歯先円直径	5
基準ピッチ円直径	4
歯底円直径	2.75
ピッチ	1.57
円弧歯厚	0.75

小歯車を作図する

❶ 「I」（🖼）と入力し、Enter キーを押します。
❷ 「ブロック挿入」ダイアログボックスの［名前］で「4角R4」を選択します。
❸ 「X：5」と入力して、［分解］をクリックしてチェックを付けて［OK］をクリックし、任意の点をクリックします。
❹ 入力寸法を表示します。

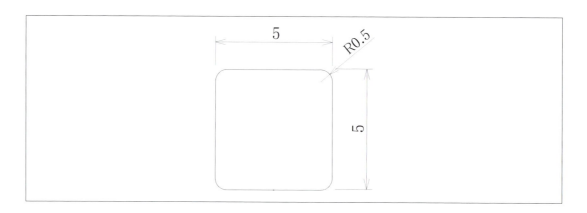

❺ 「I」（🖼）と入力し、Enter キーを押します。
❻ 「ブロック挿入」ダイアログボックスの [名前] で「平行」を選択します。
❼ 「X：5」と入力します。［分解］と［XYZ尺度を均一に設定］のチェックを外し、「Y：2」と入力して［OK］をクリックします。

❽ 図形の左中点をクリックして Enter キーを押します。
❾ 「X：5」「Y：2.75」と入力して、[OK] をクリックします。
❿ 図形の左中点をクリックして、Enter キーを押します。
⓫ 「ブロック挿入」ダイアログボックスの [名前] で「平行中心 3」を選択します。
⓬ 「X：5」「Y：4」と入力して、[OK] をクリックします。
⓭ 図形の左中点をクリックします。
⓮ 入力寸法を表示します。

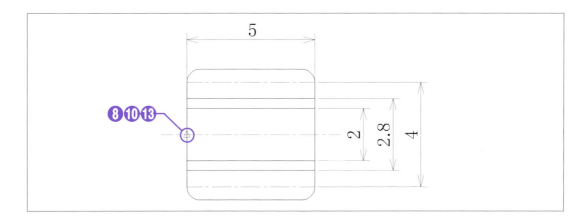

小歯車の右側面図を作図する

円弧の位置寸法を省略するために、正面図で円弧を描いてから右側に移動します。

❶ 「I」（🔲）と入力し、Enter キーを押します。
❷ 「ブロック挿入」ダイアログボックスの [名前] で「半円」を選択します。
❸ 「X：5」と入力し、[分解] をクリックしてチェックを付け、「角度：-90」と入力して [OK] をクリックします。
❹ 中心線の中点をクリックします。

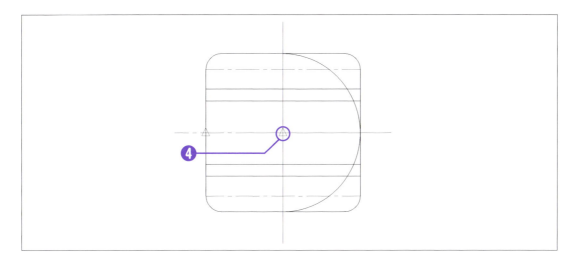

197

❺ 「O」(📐) と入力し、Enter キーを押します。
❻ 「T」と入力して Enter キーを押し、円弧をクリックしてa点をクリックし、b線の円弧をクリックし、c点をクリックしてd線の円弧をクリックし、e点をクリックして Enter キーを押します。

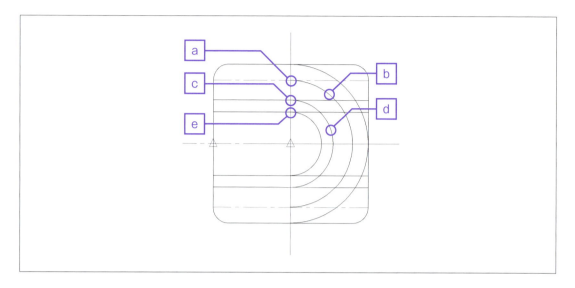

❼ グリップ編集で右側面図を移動します。
各円弧と中心線をクリックして中心線の中点をクリックし、右クリックして[移動]を選択します。そのままカーソルを右に平行移動し、任意の点をクリックして Esc キーを押します。
❽ b線を「中心線」画層に移動します。
❾ 中心線の尺度を変更します。中心線を選択して、「オブジェクトプロパティ管理」パレットの[線種尺度]を「0.4」にします。
❿ 入力寸法を表示します。

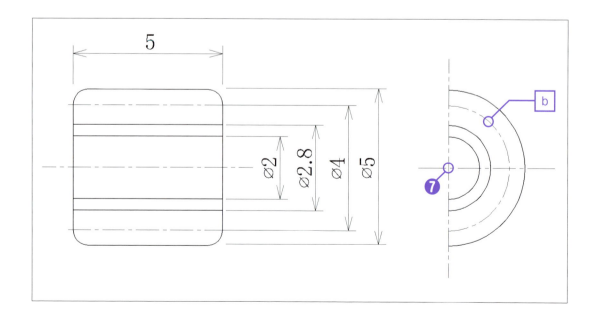

5-08 小歯車DとEを製図する

　既に作図済みの小歯車と条件は同じです。ただし、歯車の幅がそれぞれ違うので複写してストレッチで変更します。

├──D 小歯車の長さを変更する

❶ 「S」（▣）と入力し、Enter キーを押します。
❷ 右下から左上に図形を囲み Enter キーを押します。
❸ 図形の右中点をクリックしてカーソルを右に水平移動し、「2.9」と入力して Enter キーを2回押します。
❹ 入力寸法を表示します。

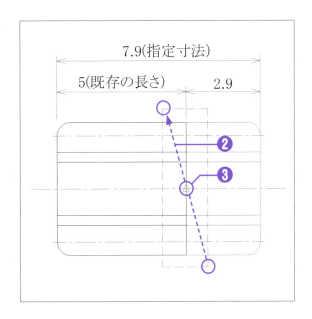

├──E 小歯車の長さを変更する

❶ 「S」（▣）と入力し、Enter キーを押します。
❷ 右下から左上に図形を囲み、Enter キーを押します。
❸ 図形の右中点をクリックしてカーソルを右に水平移動し、「0.9」と入力して Enter キーを押します。
❹ 入力寸法を表示します。

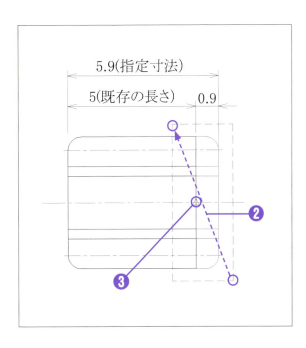

5-09 F歯車位置決めリングを製図する

ねじを作図する

位置決めリングは、位置寸法を取りやすくするために、ねじから作図します。

▼ 作図寸法

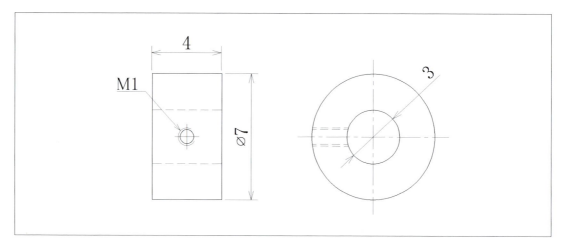

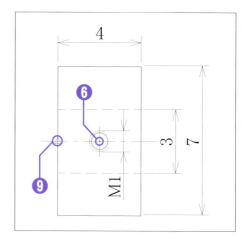

❶ 「I」(📷) と入力し、Enter キーを押します。
❷ 「ブロック挿入」ダイアログボックスの[名前]で「ねじ」を選択します。
❸ 「X：1」と入力し、[分解]をクリックしてチェックを付けて[OK]をクリックし、任意の点をクリックして Enter キーを押します。
❹ 「ブロック挿入」ダイアログボックスの[名前]で「4角中」を選択します。
❺ 「X：4」と入力し、[分解]と[XYZ尺度を均一に設定]のチェックを外し、「Y：7」と入力して[OK]をクリックします。
❻ 円の中心をクリックして Enter キーを押します。
❼ 「ブロック挿入」ダイアログボックスの[名前]で「平行破線中心」を選択します。
❽ 「X：4」「Y：3」と入力して、[OK]をクリックします。
❾ 長方形の左中点をクリックします。
❿ 入力寸法を表示します。

リングの右側面図を作図する

❶ 「I」（🔲）と入力し、Enter キーを押します。
❷ 「ブロック挿入」ダイアログボックスの [名前] で「円」を選択します。
❸ 「X：7」と入力し、[分解] をクリックしてチェックを付けて [OK] をクリックします。
❹ カーソル線を中心線に重ねて右側に水平移動し、任意の点をクリックして Enter キーを押します。
❺ 「ブロック挿入」ダイアログボックスで「X：3」と入力して [OK] をクリックします。
❻ 円の中心をクリックして Enter キーを押します。

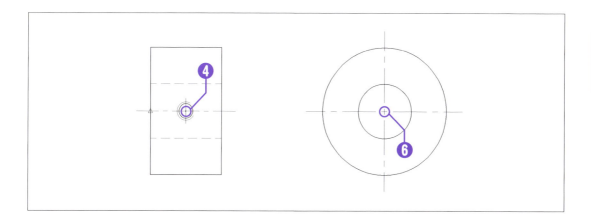

❼ 「ブロック挿入」ダイアログボックスの [名前] で「横ねじ破線」を選択します。
❽ 「X：2」と入力します。[分解] と [XYZ 尺度を均一に設定] のチェックを外し、「Y：1」と入力して [OK] をクリックします。
❾ 左の四半円点をクリックします。
❿ 「TR」（🔲）と入力し、Enter キーを押します。
⓫ 円を選択して Enter キーを押します。
⓬ ねじ部を円からはみでている線や短い線を修正して、Enter キーを押します。
⓭ 製作図用に寸法を記入します。

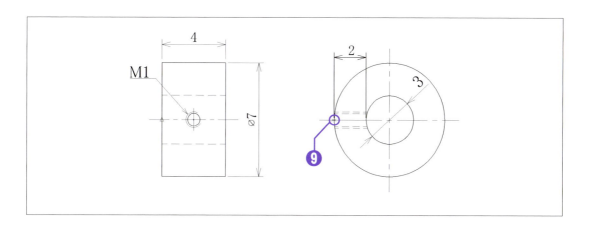

> **メモ**
>
> トリムコマンドの実行中に Shift キーを押すと、押している間は延長になります。

小歯車の軸を製図する

D 軸を作図する

D 軸を同じ寸法で作図します。

▼ 作図寸法

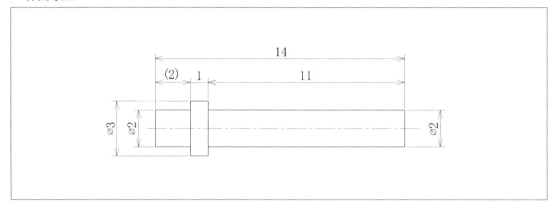

❶ 「I」（🔳）と入力し、Enter キーを押します。
❷ 「ブロック挿入」ダイアログボックスの [名前] で「4 角中心」を選択します。
❸ 「X：2」「Y：2」と入力して、[OK] をクリックします。
❹ 任意の点をクリックして、Enter キーを押します。
❺ 「X：1」「Y：3」と入力して、[OK] をクリックします。
❻ 正方形の右中点をクリックして、Enter キーを押します。
❼ 「X：11」「Y：2」と入力して、[OK] をクリックします。
❽ 図形の右中点をクリックします。
❾ 製作図用に寸法を記入します。

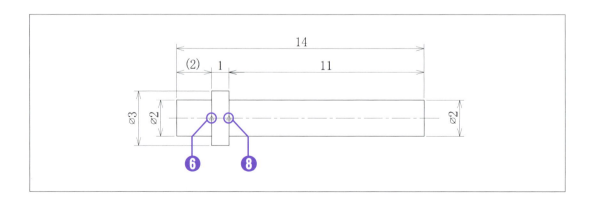

F 軸を作図する

▼ 作図寸法

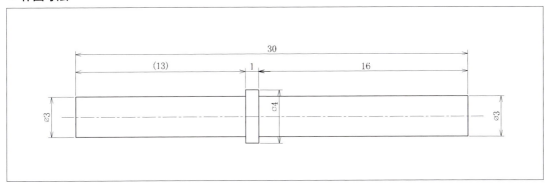

❶ 「I」（🖼）と入力し、[Enter] キーを押します。
❷ 「ブロック挿入」ダイアログボックスの [名前] で「4 角中心」を選択します。
❸ 「X：13」「Y：3」と入力して、[OK] をクリックします。
❹ 任意の点をクリックして、[Enter] キーを押します。
❺ 「X：1」「Y：4」と入力して、[OK] をクリックします。
❻ 長方形の右中点をクリックして、[Enter] キーを押します。
❼ 「X：16」「Y：3」と入力して、[OK] をクリックします。
❽ 図形の右中点をクリックします。
❾ 製作図用に寸法を記入します。

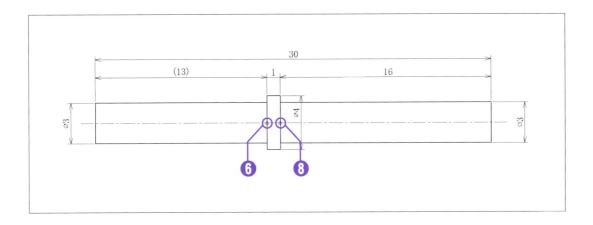

5-10 電池ケースを製図する

電池ケースは、コンパクトで、乾電池が動かない形状にしました。各種の複合アイコンを使って、はじめに骨格を作図します。

▼ 作図寸法

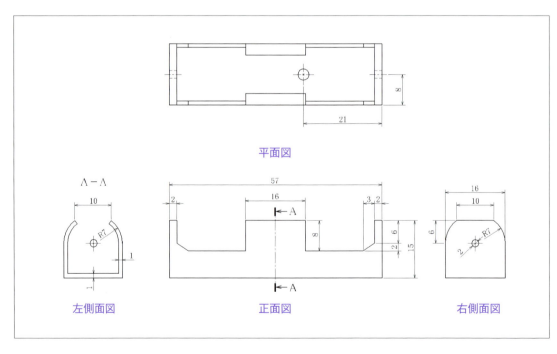

ケースの正面図を作図する

① 「I」（🖼）と入力し、Enter キーを押します。
② 「ブロック挿入」ダイアログボックスの [名前] で「4 角中上」を選択します。
③ 「X：57」「Y：15」と入力して、[OK] をクリックします。
④ 任意の点をクリックして、Enter キーを押します。
⑤ 「X：53」「Y：8」と入力して、[OK] をクリックします。長方形の上中点をクリックして Enter キーを押します。
⑥ 「X：16」「Y：8」と入力して、[OK] をクリックします。長方形の上中点をクリックします。
⑦ 入力寸法を表示します。

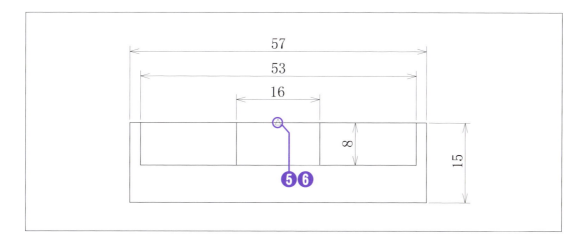

⑧ 「CHA」と入力し、Enter キーを押します。
⑨ 「D」と入力して、Enter キーを押します。
⑩ 「3」と入力して、Enter キーを押します。
⑪ 「2」と入力して、Enter キーを押します。
⑫ 「M」または「U」と入力して Enter キーを押し、a 点の左側と上側をクリックし、続けて b 点の右側と上側をクリックして Enter キーを押します。
⑬ 不要な線を削除します。2 重線を選択し、Delete キーを押して削除します。
⑭ 「TR」（⊢）と入力し、Enter キーを押します。
⑮ 図形を選択して、Enter キーを押します。
⑯ 不要な線をクリックして Enter キーを押します。

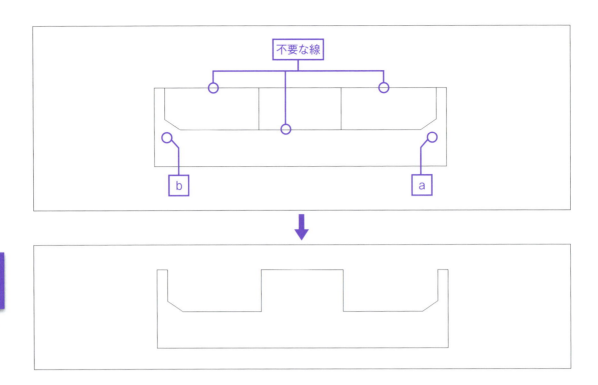

⓱ 製作図用に寸法を記入します。

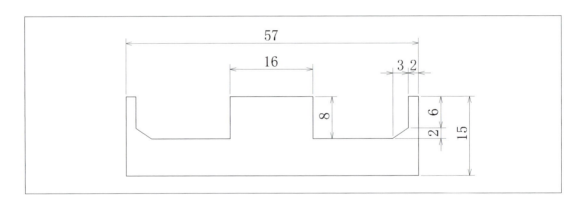

ケースの右側面図を作図する

図形の基点を設定し、図形を作図していきます。

❶ 「I」（🔲）と入力し、Enter キーを押します。
❷ 「ブロック挿入」ダイアログボックスの [名前] で「9 点中下」を選択します。
❸ 「X：10」「Y：6」と入力して [OK] をクリックし、任意の点をクリックして Enter キーを押します。
❹ 「ブロック挿入」ダイアログボックスの [名前] で「線」を選択します。
❺ 「X：16」「Y：1」と入力して [OK] をクリックし、下中央の基点をクリックして Enter キーを押します。

❻ 「ブロック挿入」ダイアログボックスの [名前] で「4 角中上」を選択します。
❼ 「X：16」「Y：15」と入力して［OK］をクリックし、上中央の基点をクリックして Enter キーを押します。
❽ 「ブロック挿入」ダイアログボックスの [名前] で「円」を選択します。
❾ 「X：2」と入力し、［分解］をクリックしてチェックを付けて［OK］をクリックします。下中央の基点をクリックします。
❿ 入力寸法を表示します。

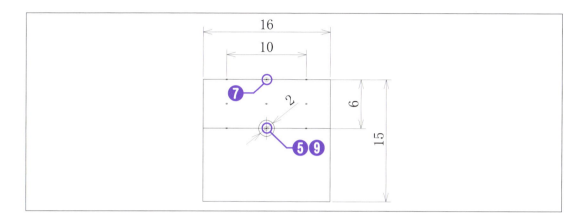

⓫ ［ホーム］タブの［円弧］→［始点、終点、半径］をクリックします。a 点→b 点の順にクリックし、半径を「7」と入力して Enter キーを押します。
⓬ もう一度［ホーム］タブの［円弧］→［始点、終点、半径］をクリックします。c 点→d 点の順にクリックし、半径を「7」と入力して Enter キーを押します。

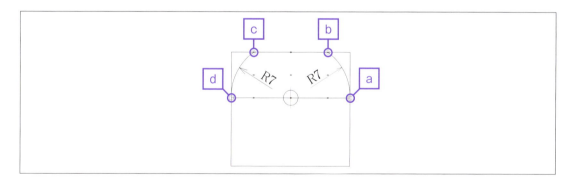

⓭ 「TR」（ ）と入力し、 Enter キーを押します。
⓮ 円弧を選択して Enter キーを押し、不要な線をクリックして Enter キーを押します。
⓯ 中央の線をクリックして Delete キーを押します。

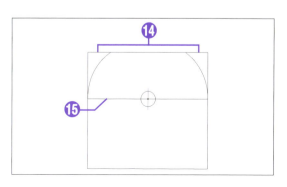

⑯ 製作図用に寸法を記入します。

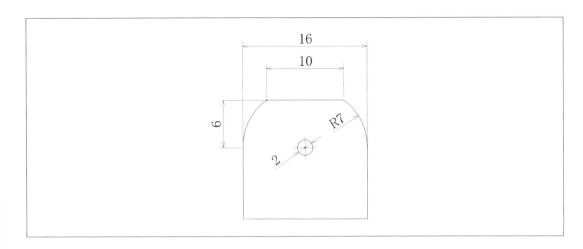

断面図を作図する

　左側面図は、右側面図を編集して作図します。最初に、作図した右側面図を左側面図の位置に複写します。

❶ 右側面図を選択してグリップが表示されたら右クリックし、[複写]を選択します。図形をクリックし、カーソルを左側に平行移動し、任意の点をクリックします。AutoCADの場合は、続けて Enter キーを押します。
❷ 「O」（ ）と入力し、 Enter キーを押します。
❸ 「1」と入力し、 Enter キーを押して線分、円弧をそれぞれ選択し、そのつど内側にクリックして Enter キーを押します。
❹ 「TR」（ ）と入力し、 Enter キーを押します。図形全体を選択して、 Enter キーを押します。内側の不要な線をクリックしてトリムし、 Enter キーを押します。

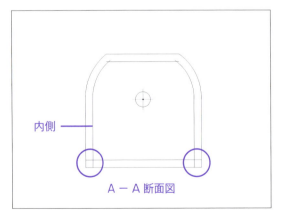

A－A断面図

右側面図

❺ グリップ編集をします。a線をクリックして右側先端のグリップをクリックしてグリップが赤になったら、b点をクリックして Esc キーを押します。c線をクリックして左側先端のグリップをクリックし、グリップが赤になったらd点をクリックして Esc キーを押します。

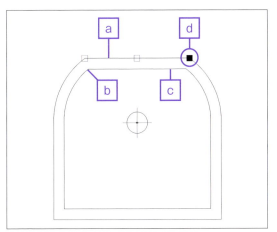
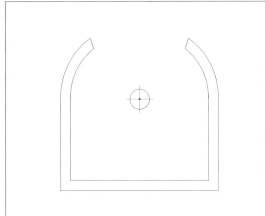

❻ 製作図用に寸法を記入します。

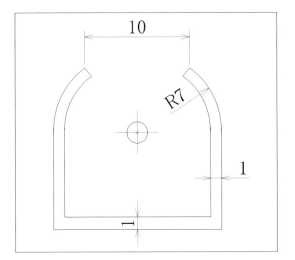

ケースの平面図を作図する

❶ 「I」（🔲）と入力し、Enter キーを押します。
❷ 「ブロック挿入」ダイアログボックスの[名前]で「4角左下」を選択します。
❸ 「X：57」「Y：16」と入力して、[OK]をクリックします。
❹ 正面図の図形の左線にカーソル線を重ねて上に垂直移動し、任意の点をクリックします。Enter キーを押してコマンドを再実行します。
❺ 「ブロック挿入」ダイアログボックスの[名前]で「9点中下」を選択します。
❻ 「X：15」「Y：8」と入力して、[OK]をクリックし、長方形の下中点をクリックして Enter キーを押します。

❼ 「ブロック挿入」ダイアログボックスの［名前］で「4角中下」を選択します。
❽ 「X：16」「Y：3」と入力して［OK］をクリックし、長方形の下中点をクリックして Enter キーを押します。
❾ 「X：16」「Y：-3」と入力して［OK］をクリックし、長方形の上中点をクリックして Enter キーを押します。
❿ 「X：47」「Y：16」と入力して［OK］をクリックし、長方形の下中点をクリックします。
⓫ 入力寸法を表示します。

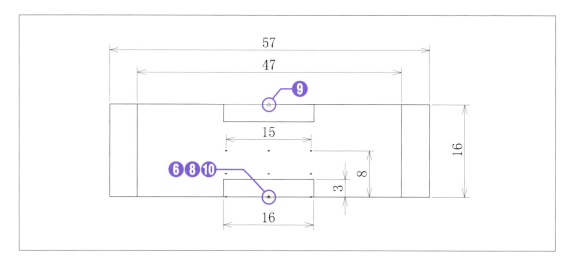

正面図

穴を作図する

❶ 「I」（📷）と入力し、 Enter キーを押します。
❷ 「ブロック挿入」ダイアログボックスの [名前] で「4角中」を選択します。
❸ 「X：53」「Y：14」と入力して、［OK］をクリックします。
❹ 上中央の基点をクリックして、 Enter キーを押します。
❺ 「ブロック挿入」ダイアログボックスの [名前] で「平行破線中心」を選択します。
❻ 「X：2」と入力し、［分解］をクリックしてチェックを付けて［OK］をクリックし、長方形の左中点をクリックして Enter キーを押します。
❼ 「X：2」と入力して［OK］をクリックし、内部の長方形の右中点をクリックして Enter キーを押します。
❽ 「ブロック挿入」ダイアログボックスの [名前] で「円」を選択します。
❾ 「X：3」と入力して［OK］をクリックし、上右の基点をクリックします。

⑩ 入力寸法を表示します。
⑪ 「TR」（ ）と入力し、 Enter キーを押します。
⑫ 図形全体を選択して Enter キーを押し、不要な線をクリックして Enter キーを押します。
⑬ 入力寸法を表示します。

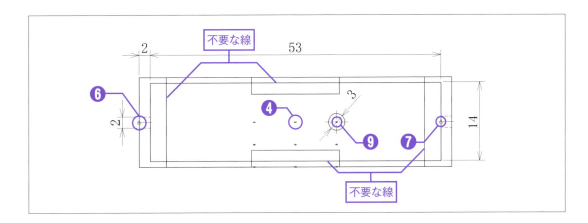

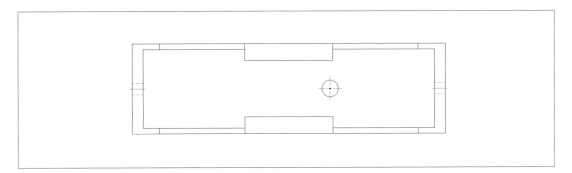

⑭ 製作図用に寸法を記入します。

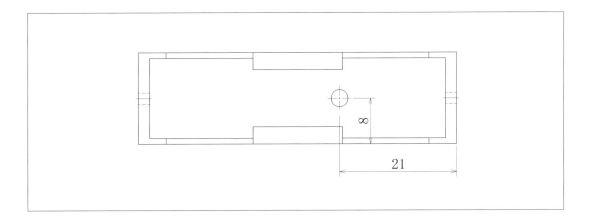

5-11 軸受けを製図する

軸受けは、クランク軸を支える支持板です。外形線を基準に穴を作図します。

▼ 作図寸法

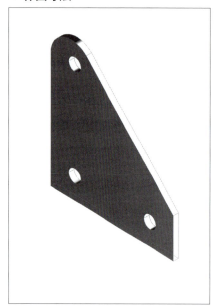

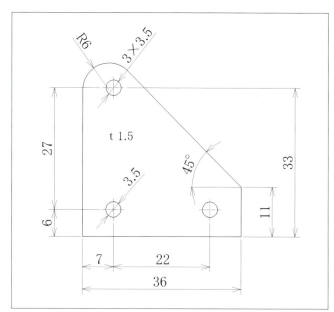

軸受けを作図する

❶ 「I」(🔳)と入力し、Enter キーを押します。
❷ 「ブロック挿入」ダイアログボックスの[名前]で「4角中下」を選択します。
❸ 「X：36」「Y：11」と入力して、[OK]をクリックします。
❹ 任意の点をクリックして Enter キーを押します。
❺ 「ブロック挿入」ダイアログボックスの[名前]で「直角三角形」を選択します。
❻ 「X：-36」「Y：36」と入力して、[OK]をクリックします。
❼ 長方形の左上端点をクリックして、Enter キーを押します。
❽ 入力寸法を表示します。

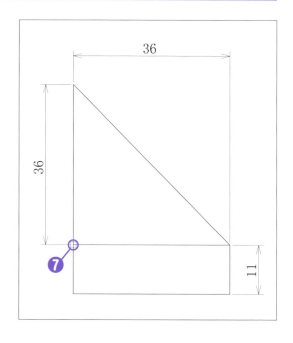

9 「I」（🖾）と入力して Enter キーを押します。
10 「ブロック挿入」ダイアログボックスの [名前] で「9 点中下」を選択します。
11 「X：22」「Y：27」と入力して、[OK] をクリックします。
12 🖾を選択して長方形の下中点をクリックし、「@ 0, 6」と入力して Enter キーを 2 回押します。
13 「ブロック挿入」ダイアログボックスの [名前] で「円」を選択します。
14 「X：3.5」と入力し、[分解] をクリックしてチェックを付けて [OK] をクリックし、左下の基点をクリックします。

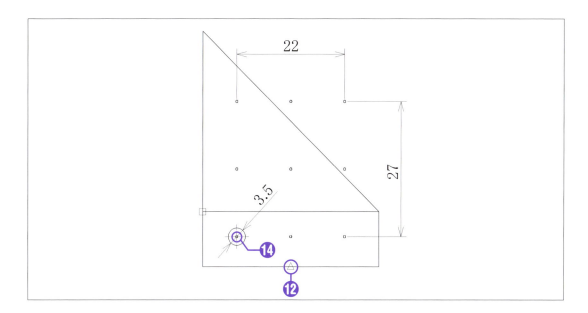

15 グリップ編集をします。円を選択し、中心をクリックして青から赤に変色したらマウスの右ボタンをクリックして複写を選択し、a 点と b 点をクリックして Enter キーと続けて Esc キーを押します。
16 入力寸法を表示します。

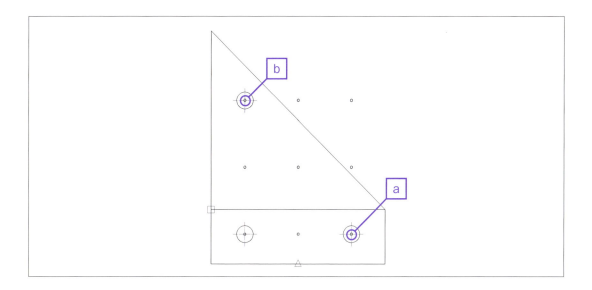

⑰ 「X」（▣）と入力し、Enter キーを押します。直角三角形をクリックして Enter キーを押します。

⑱ 「F」（▣）と入力し、Enter キーを押します。

⑲ 「R」と入力して Enter キーを押し、「6」と入力して Enter キーを押します。c 線、d 線をクリックします。

⑳ 内部の線を選択して（左下から右上に囲む）、Delete キーを押します。

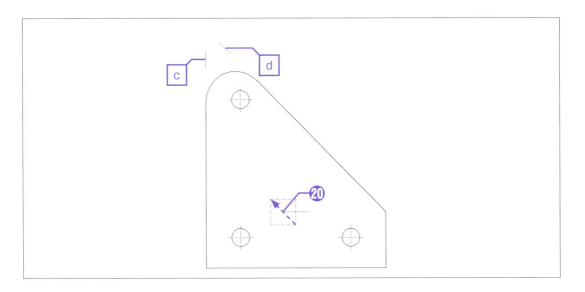

㉑ 製作図用に寸法を記入します。

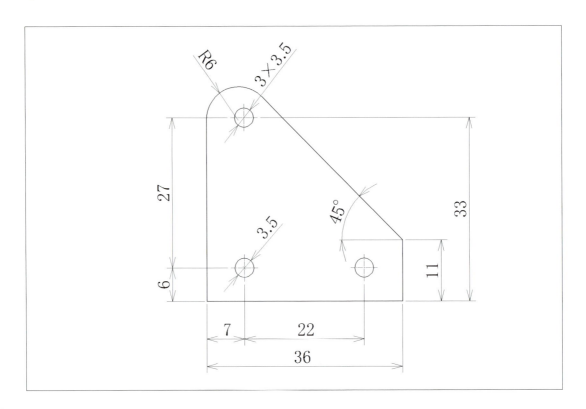

5-12 軸を製図する

軸は、クランク棒を固定して、歯車と組み合わせて回転します。複合アイコンで作図します。

▼ 作図寸法

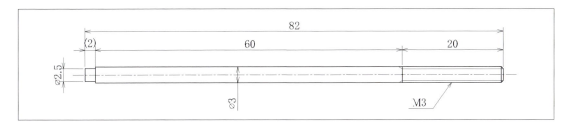

軸を作図する

① 「I」（🖼）と入力し、Enter キーを押します。
② 「ブロック挿入」ダイアログボックスの [名前] で「4角左中」を選択します。
③ 「X：2」「Y：2.5」と入力して、[OK] をクリックします。
④ 任意の点をクリックして、Enter キーを押します。
⑤ 「X：60」「Y：3」と入力して、[OK] をクリックします。
⑥ 長方形の右中点をクリックします。
⑦ 入力寸法を表示します。

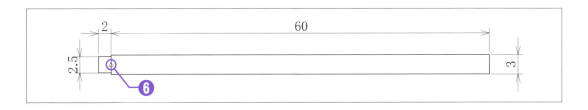

ねじを作図する

1. 「I」（🔲）と入力し、Enter キーを押します。
2. 「ブロック挿入」ダイアログボックスの [名前] で「おねじ右」を選択します。
3. 「X：20」「Y：3」と入力して、[OK] をクリックします。
4. 図形の右中点をクリックします。
5. ねじ部を分解し、グリップ編集で中心線を左側に延長します。
6. 製作図用に寸法を記入します。

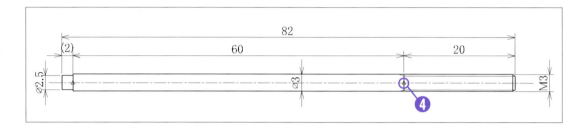

ワッシャーを作図する

ワッシャーはボルトやナットがゆるむのを防ぎます。

1. 「I」（🔲）と入力し、Enter キーを押します。
2. 「ブロック挿入」ダイアログボックスの [名前] で「4 角左中」を選択します。
3. 「X：1」「Y：6」と入力して、[OK] をクリックします。
4. 任意の点をクリックして、Enter キーを押します。
5. 「ブロック挿入」ダイアログボックスの [名前] で「平行中心」を選択します。
6. 「X：1」「Y：2.5」と入力して、[OK] をクリックします。
7. 長方形の左中点をクリックします。
8. 製作図用に寸法を記入します。

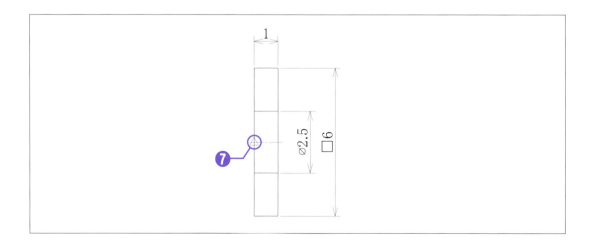

5-13 クランク棒を製図する

　クランク棒を各種組み合わせて、回転運動を往復運動にかえるパーツです。複合アイコンで作図します。

▼ 作図寸法

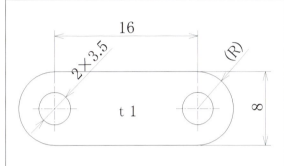

クランク棒を作図する

❶ 「I」（📛）と入力し、Enter キーを押します。
❷ 「ブロック挿入」ダイアログボックスの [名前] で「長穴 (左)」を選択します。
❸ 「X：16」「Y：8」と入力して、[OK] をクリックします。
❹ 任意の点をクリックします。
❺ 入力寸法を表示します。

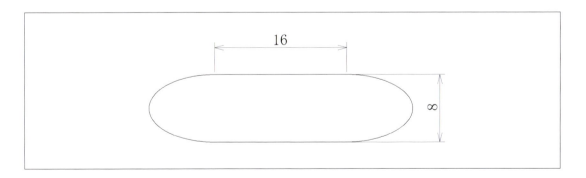

❻ グリップ編集をします。a 点をダブルクリックして、グリップが赤になったらカーソルを右に水平移動し、「4」と入力して Enter キーを押します。b 点をダブルクリックして、グリップが赤になったらカーソルを左に水平移動し、「4」と入力して Enter キーと Esc キーを押します。

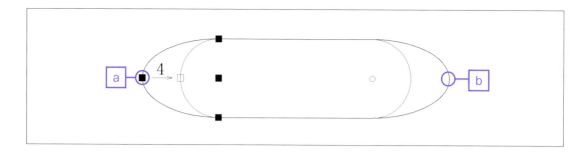

❼ 「I」（📷）と入力し、Enterキーを押します。

❽ 「ブロック挿入」ダイアログボックスの[名前]で「円」を選択します。

❾ 「X：3.5」と入力し、[分解]をクリックしてチェックを付けて[OK]をクリックします。左の円弧の中心をクリックしてEnterキーを押します。

❿ 「X：3.5」と入力して[OK]をクリックし、右の円弧の中心をクリックします。

⓫ 製作図用に寸法を記入します。

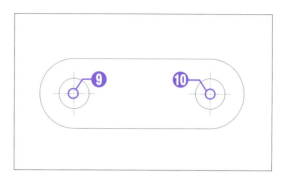

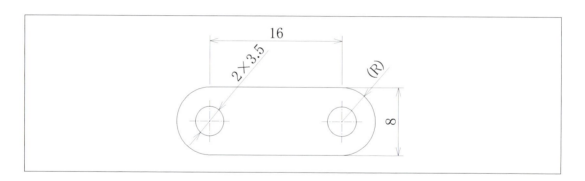

クランク棒2を製図する

▼ 作図寸法

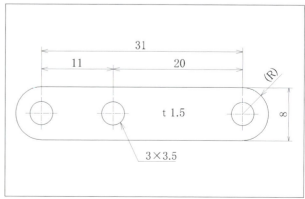

❶ 「I」（🗔）と入力し、Enter キーを押します。
❷ 「ブロック挿入」ダイアログボックスの[名前]で「長穴左」を選択します。
❸ 「X：31」「Y：8」と入力して、[OK] をクリックします。
❹ 任意の点をクリックします。
❺ 入力寸法を表示します。

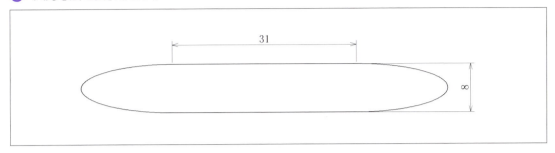

❻ グリップ編集をします。a点をダブルクリックして、グリップが赤になったらカーソルを右に水平移動し、「4」と入力して Enter キーを押します。b点をダブルクリックして、グリップが赤になったらカーソルを左に水平移動し、「4」と入力して Enter キーを押します。移動後、Esc キーを押して選択を解除します。

❼ 「I」（🗔）と入力し、Enter キーを押します。
❽ 「ブロック挿入」ダイアログボックスの[名前]で「円」を選択します。
❾ 「X：3.5」と入力し、[分解] をクリックしてチェックを付けて [OK] をクリックし、左の円弧の中心をクリックします。
❿ グリップ編集をします。円と中心線を選択し、中心をクリックして、グリップが赤になったら、右クリックして複写を選択し、カーソルを右に水平移動して「11」と入力して Enter キーを押します。続けて右の円弧の中心をクリックして Enter キーと Esc キーを押します。

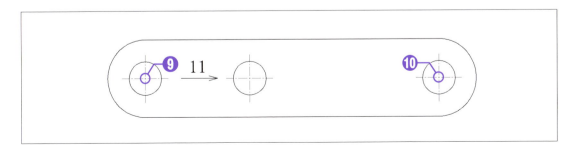

⓫ 製作図用に寸法を記入します。

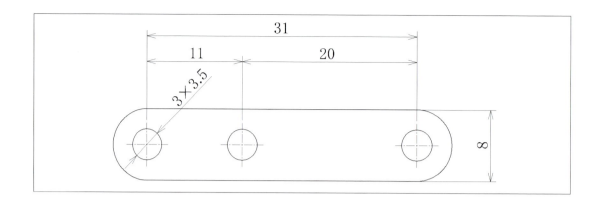

クランク棒3を製図する

　クランク棒3は、クランク棒2と円の位置以外はすべて同形なので、クランク棒2を複写して編集します。

▼ 作図寸法

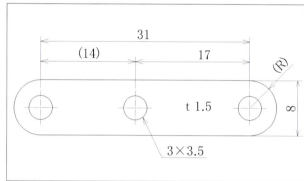

❶ グリップ編集をします。中央の円と中心線を選択し、中心をクリックして、グリップが赤になったら右クリックして［移動］を選択し、カーソルを右に水平移動して「3」(T) と入力して Enter キーと Esc キーを押します。

❷ 製作図用に寸法を記入します。

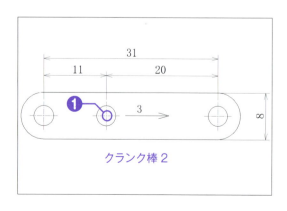
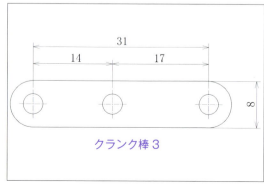

クランク棒2　　　　　　　　　　　　クランク棒3

クランク棒4を製図する

▼ 作図寸法

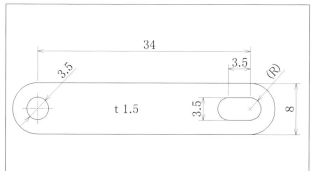

❶ 「I」(📥) と入力し、Enter キーを押します。
❷ 「ブロック挿入」ダイアログボックスの [名前] で「長穴左」を選択します。
❸ 「X：34」「Y：8」と入力して、[OK] をクリックします。
❹ 任意の点をクリックします。
❺ 入力寸法を表示します。

❻ グリップ編集をします。a 点をダブルクリックして、グリップが赤になったらカーソルを右に水平移動し、「4」と入力して Enter キーを押します。b 点をダブルクリックして、グリップが赤になったらカーソルを左に水平移動し、「4」と入力して Enter キーを押します。移動後、Esc キーを押して選択を解除します。

❼ 「I」(📥) と入力し、Enter キーを押します。
❽ 「ブロック挿入」ダイアログボックスの [名前] で「円」を選択します。
❾ 「X：3.5」と入力し、[分解] をクリックしてチェックを付けて [OK] をクリックします。
❿ 左の円弧の中心をクリックして、Enter キーを押します。

⑪ 「ブロック挿入」ダイアログボックスの [名前] で「長穴右」を選択します。
⑫ 「X：3.5」と入力して［OK］をクリックし、右の円弧の中心をクリックします。

⑬ 製作図用に寸法を記入します。

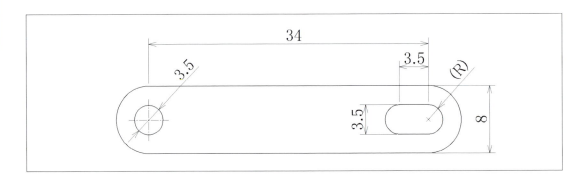

5-14 方向指示クランク棒を製図する

回転運動を角度 180°に変換した時に方向を分かりやすくするためのクランク棒です。

▼ 作図寸法

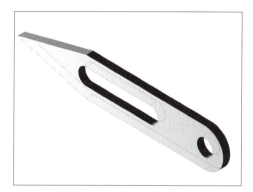
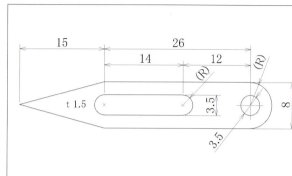

方向支持板を作図する

❶ 「I」（🖼）と入力し、Enter キーを押します。
❷ 「ブロック挿入」ダイアログボックスの [名前] で「長穴右」を選択します。
❸ 「X：26」「Y：8」と入力して、[OK] をクリックします。
❹ 任意の点をクリックします。
❺ 入力寸法を表示します。

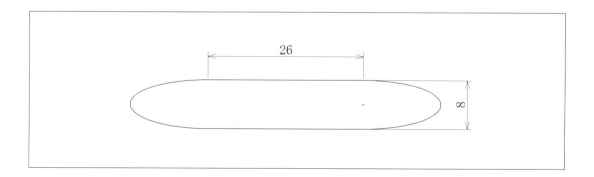

❻ 「I」（🖼）と入力し、Enter キーを押します。
❼ 「ブロック挿入」ダイアログボックスの [名前] で「三角形」を選択します。
❽ 「X：8」「Y：15」「角度：90」と入力して [OK] をクリックし、左の円弧の中心をクリックして Enter キーを押します。

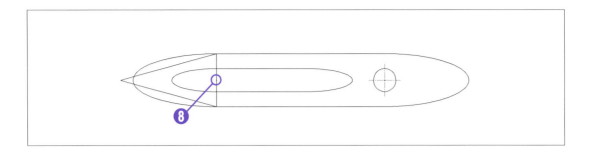

⑨ 「ブロック挿入」ダイアログボックスの[名前]で「長穴左」を選択します。
⑩ 「X：14」「Y：3.5」と入力して、[OK]をクリックします。
⑪ 左の円弧の中心をクリックして Enter キーを押します。
⑫ 「円」を選択します。
⑬ 「X：3.5」と入力し、[分解]をクリックしてチェックを付けて[OK]をクリックし、右の円弧の中心をクリックします。

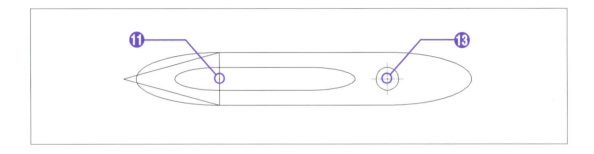

⑭ 入力寸法を表示します。

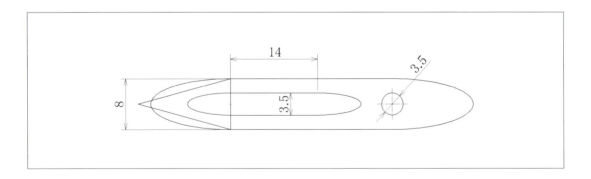

⑮ グリップ編集をします。c 点をダブルクリックして、グリップが赤になったらカーソルを左に水平移動し、「4」と入力して Enter キーを押します。同様に d 点をダブルクリックして、グリップが赤になったらカーソルを左に水平移動し、「1.75」と入力して Enter キーを押します。e 線は右に水平移動し、「1.75」と入力して Enter キーと Esc キーを押します。
⑯ 左の円弧と三角形の右線をクリックして Delete キーを押します。

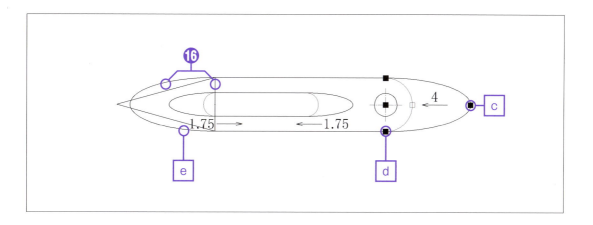

⑰ 製作図用に寸法を記入します。

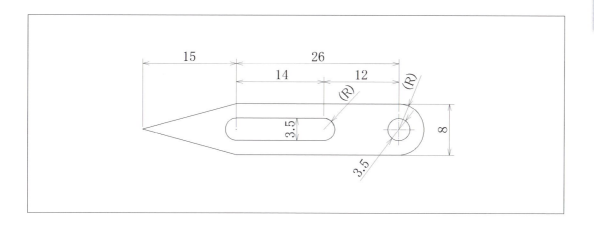

5-15 スイッチを製図する

スイッチは、モーター回路の電源をオン／オフに切り替えます。

▼ 作図寸法

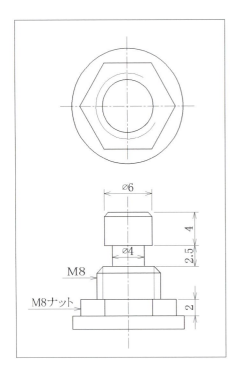

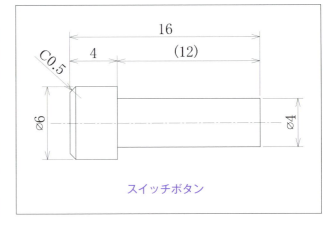

スイッチボタン

スイッチボタンを作図する

❶ 「I」（🖼）と入力し、Enter キーを押します。
❷ 「ブロック挿入」ダイアログボックスの[名前]で「4角C2」を選択します。
❸ 「X：4」「Y：6」と入力して、[OK]をクリックします。
❹ 任意の点をクリックして、Enter キーを押します。
❺ 「ブロック挿入」ダイアログボックスの[名前]で「コ中心」を選択します。
❻ 「X：12」「Y：4」と入力して、[OK]をクリックします。
❼ 長方形の右中点をクリックします。
❽ 「X」（🖼）と入力し、Enter キーを押します。図形をクリックして Enter キーを押します。
❾ グリップ編集で中心線を左の外側まで延長します。

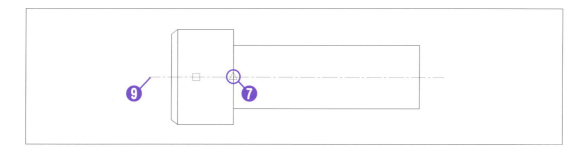

❿ 製作図用に寸法を記入します。

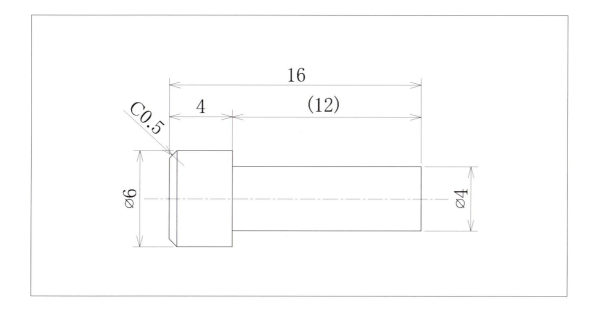

固定用ねじを製図する

スイッチボタンをガイドする部品です。作図寸法は、次のとおりです。

▼ 作図寸法

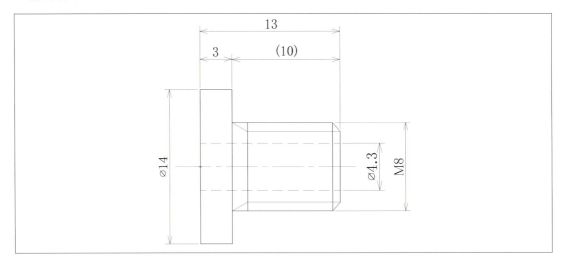

① 「I」(🖫) と入力し、Enter キーを押します。
② 「ブロック挿入」ダイアログボックスの [名前] で「おねじ右」を選択します。
③ 「X:10」「Y:8」と入力して [OK] をクリックします。
③ 任意の点をクリックします。Enter キーを押して、コマンドを再実行します。
④ 「ブロック挿入」ダイアログボックスの [名前] で「4角左中」を選択します。
⑤ 「X:3」「Y:14」と入力して [OK] をクリックします。
⑥ 🖫 をクリックして、図形の右の中点でクリックし、「@-13.6,0」と入力して Enter キーを押します。もう一度 Enter キーを押して、コマンドを再実行します。
⑦ 「ブロック挿入」ダイアログボックスの [名前] で「平行破線」を選択します。
⑧ 「X:13.6」「Y:4.3」と入力して [OK] をクリックし、図形の左の中点をクリックします。

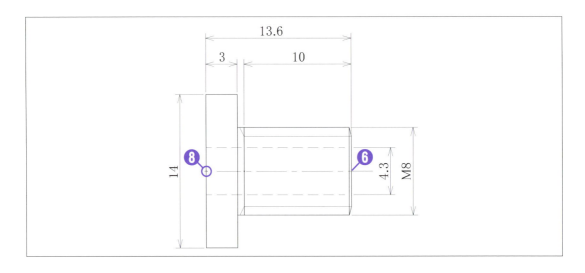

❾ 製作図用に寸法を記入します。

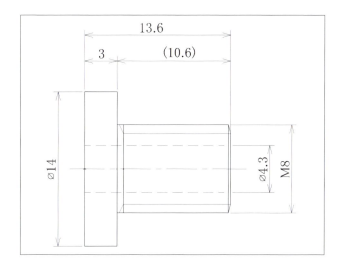

ナットを製図する

固定用ねじを動かないように締め付けるナットです。

▼ 作図寸法

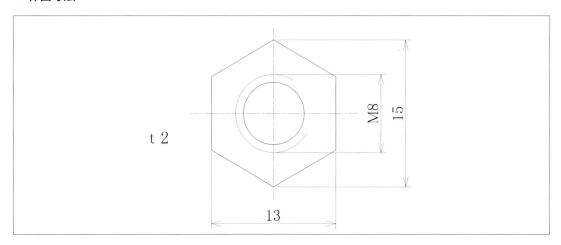

❶ 「I」（📷）と入力し、Enter キーを押します。
❷ 「ブロック挿入」ダイアログボックスの [名前] で「ボルト」を選択します。
❸ 「X：13」と入力し、[分解] をクリックしてチェックを付けて [OK] をクリックします。
❹ 任意の点をクリックして、Enter キーを押します。
❺ 「ブロック挿入」ダイアログボックスの [名前] で「ねじ」を選択します。
❻ 「X：8」と入力して [OK] をクリックし、円の中心をクリックします。
❼ 入力寸法を表示します。

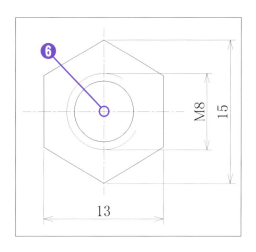

取り付け台を製図する

　各部品を取り付ける固定台です。ここでは、複合アイコンを組み合わせた合成複合アイコンを作成して、取り付け台を作図します。

▼ 作図寸法

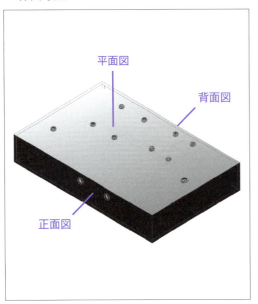

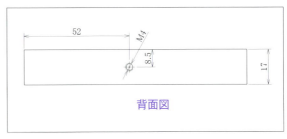

背面図

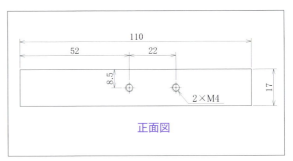

正面図

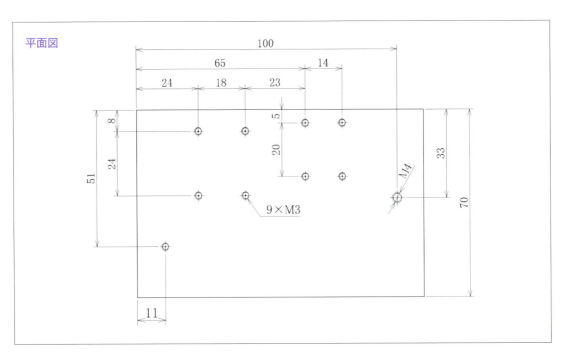

─── 合成複合アイコン A の登録

複合アイコンで作図する場合、たとえば「ねじ」と「ねじ位置寸法」を描くときは、個別に対応します。これを一つにまとめることによって、さらに効率が向上します。「ねじ」と「ねじの位置寸法」をまとめた複合アイコンを合成複合アイコンと呼びます。

取り付け台の作図を始める前に、「ねじ」と「ねじ位置寸法」を組み合わせた「合成複合アイコン A」を作成します。作成方法は、あらかじめ、複合アイコンの「ねじ」と「4 点中下」を画面に挿入しておき、組み合わせた図形を登録します。

▼ 作成する合成複合アイコン

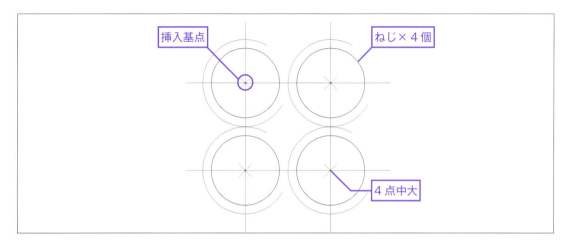

❶ 「B」(🔲) と入力し、Enter キーを押します。
❷ [ブロック定義] ダイアログボックスが表示されます。
❸ [名前] に「合成複合アイコン A」と入力します。
❹ [分解を許可] をクリックしてチェックを付けます（AutoCAD LT で [分解を許可] の項目がない場合は、[削除] にチェックを付けます）。
❺ [オブジェクトを選択] をクリックして作図した図形を選択し、Enter キーを押します。
❻ [挿入基点を指定] をクリックし、挿入基点は 4 点左上をクリックします。
❼ [OK] をクリックして終了します。

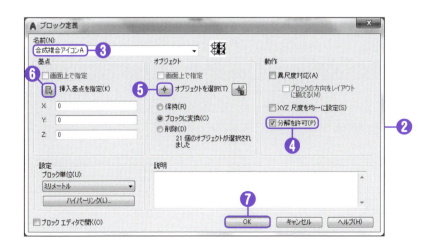

┠── 合成複合アイコン A を挿入する

複合アイコンと同じように、合成複合アイコンを使うときも登録したブロックを呼び出します。

① 「I」（🗔）と入力し、Enter キーを押します。［ブロック挿入］ダイアログボックスが表示されます。
② 「ブロック挿入」ダイアログボックスの「ブロック挿入」ダイアログボックスの [名前] で「合成複合アイコン A」を選択します。
③ ［分解］と［XYZ 尺度を均一に設定］のチェックを外します。
④ 指定寸法を入力します。
⑤ ［OK］をクリックして終了します。

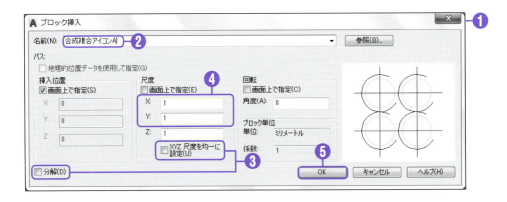

取り付け台の平面図を作図する

取り付け台の平面図を作図します。ねじとピッチの部分は、登録した「合成複合アイコン A」を利用して連続で作図します。

① 「I」（🗔）と入力し、Enter キーを押します。
② 「ブロック挿入」ダイアログボックスの [名前] で「4 角左下」を選択します。
③ 「X：110」「Y：70」と入力して、[OK] をクリックします。
④ 任意の点をクリックして Enter キーを押します。
⑤ 「ブロック挿入」ダイアログボックスの [名前] で「合成複合アイコン A」を選択します。
⑥ ねじの位置寸法に「X：18」「Y：24」と入力して、[OK] をクリックします。
⑦ 🗔を選択して長方形の左上端点をクリックし、「@24 ,− 8」と入力して Enter キーを 2 回押します。
⑧ ねじの位置寸法に「X：14」「Y：20」と入力して、[OK] をクリックします。
⑨ 🗔を選択します。長方形の左上端点をクリックして「@65 ,− 5」と入力して Enter キーを押します。
⑩ 「X」（🗔）と入力し、Enter キーを押します。ねじのブロック A、B をクリックして Enter キーを押します。

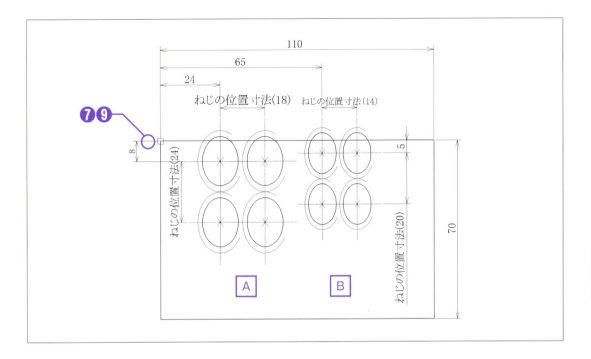

⓫ 「CH」（▣）と入力し、Enter キーを押します。[オブジェクトプロパティ管理] ウィンドウが表示されます。

⓬ ねじ 8 個を一つずつクリックします（または全体を選択）。

⓭ [オブジェクトプロパティ管理] ウィンドウで「X：3」「Y：3」と入力し、Enter キーと Esc キーを押します。

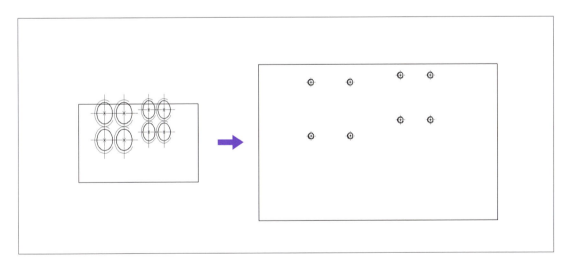

⓮ 入力寸法を表示します。

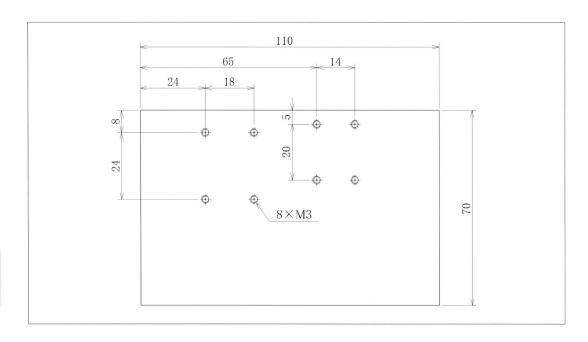

⑮ 「I」（🖼）と入力し、Enter キーを押します。
⑯ 「ブロック挿入」ダイアログボックスの [名前] で「ねじ」を選択します。
⑰ 「X：3」と入力し、[分解] をクリックしてチェックを付けて [OK] をクリックし、🖼を選択します。長方形の左上端点をクリックして「@ 11，−51」と入力して Enter キーを2回押します。
⑱ 「X：4」と入力して [OK] をクリックし、🖼を選択します。長方形の左上端点をクリックして「@ 100，−33」と入力して Enter キーを押します。
⑲ 入力寸法を表示します。

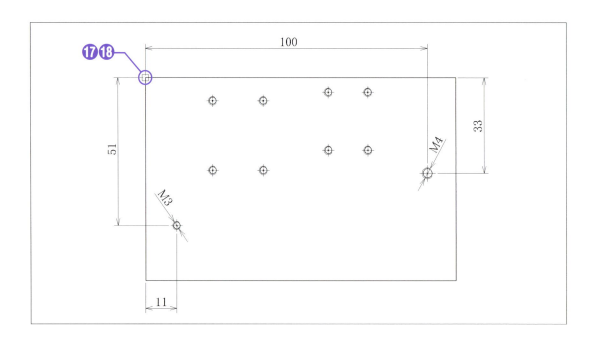

取り付け台の正面図を作図する

続けて、取り付け台の正面図を作図します。ねじの部分は、合成複合アイコン A を編集するよりも効率と汎用性を考慮して、あらたに「合成複合アイコン B」を作成して登録します。登録方法は、合成複合アイコン A のときと同様です。

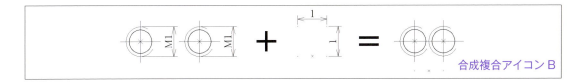

ねじ（2個）＋ 4 点中下＝合成複合アイコン B

登録が終わったら、正面図を作図します。

❶ 「I」（📷）と入力し、Enter キーを押します。
❷ 「ブロック挿入」ダイアログボックスの [名前] で「4 角左下」を選択します。
❸ 「X：110」と入力します。[分解] と [XYZ 尺度を均一に設定] のチェックを外します。
❹ 「Y：17」と入力して [OK] をクリックし、カーソル線を平面図の左線に重ねて下に垂直移動し、任意の点をクリックして Enter キーを押します。
❺ 「ブロック挿入」ダイアログボックスの [名前] で「合成複合アイコン B」を選択します。
❻ ピッチ寸法を入力します。「X：22」「Y：22」と入力して [OK] をクリックし、📷を選択します。長方形の左上端点をクリックして「@52 , − 8.5」と入力し、Enter キーを押します。

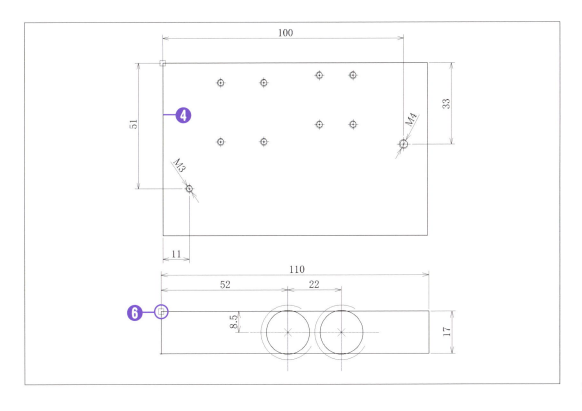

❼ 「X」（🗔）と入力し、Enter キーを押します。ねじのブロックをクリックして Enter キーを押します。
❽ 「CH」（🗔）と入力し、Enter キーを押します。［オブジェクトプロパティ管理］ウィンドウが表示されます。
❾ ねじ2個を一つずつクリックし、ウィンドウから「X：4」「Y：4」と入力し、Enter キーと Esc キーを押します。
❿ 入力寸法を表示します。

取り付け台の背面図を作図する

❶ 「CP」（🗔）と入力し、Enter キーを押します。
❷ 右のねじを除いた正面図を選択して Enter キーを押します。
❸ 正面図の左上端点をクリックしてカーソルを上に垂直移動し、任意の点をクリックします。AutoCADの場合は、続けて Enter キーを押します。

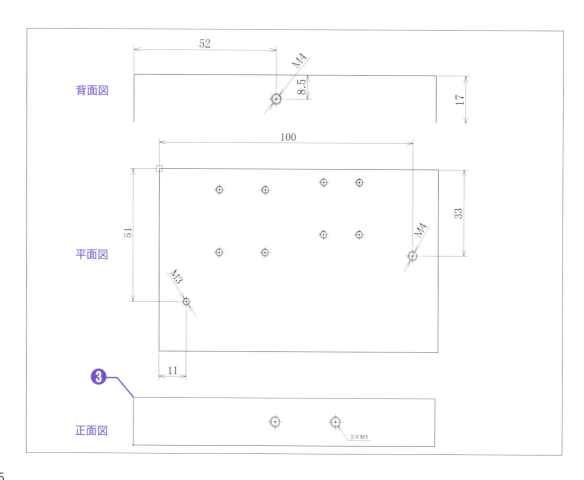

❹ 製作図用に寸法を記入します。

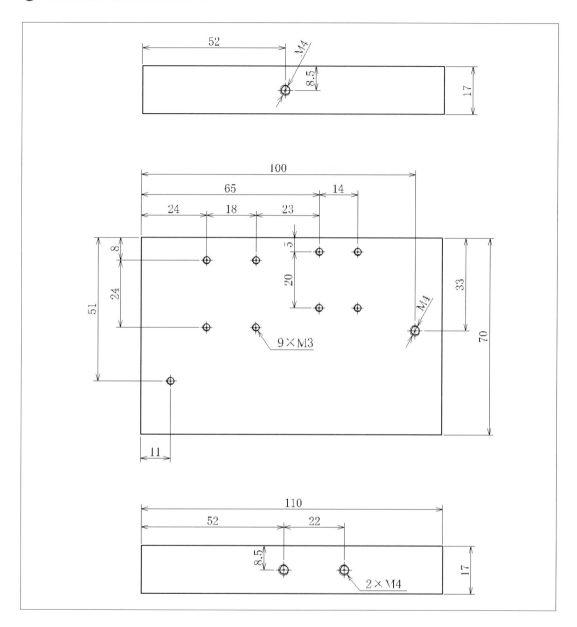

索 引

【英数字】

2重線 67
2点間中点 17
A 15
AR 16
B 15
BH 15
BR 16
C 15
CH 16
CHA 16
CP 16
CUI 10
DIMTEDIT 114
DL 15
E 16
EL 15
EX 16
I 15
JIS規格 123
L 15
LA 16
M 16
MI 16
ML 15
MLSTYLE 15
O 16
OS 17
PL 15
POL 15
REC 15
RO 16
S 16
SC 16

TR 16
X 16

【ア行】

足 107
アンテナ 83
位置決めリング 200
一時オブジェクトスナップ 17
腕 101
延長 202
オブジェクトスナップ 17

【カ行】

カーソルを元に戻す 107
ガイド軸 157
角度変換機構 160
画層 21
画層のオン／オフ 72
傾いている図形 102
基点設定 17
胸部 93
近接点 17
クランク棒 217
クランプ受け金具 155
クランプ台 146
クランプ用ねじ 152
グリップ 19
クロスヘアカーソルの長さ 103
現在画層 24
合成複合アイコン 231
交点 17
コマンド 10

【サ行】

- 座標入力で作図 35
- 軸 215
- 軸受け 212
- 自動寸法 113
- 四半円点 17
- 締め付けねじ 142
- 締め付けハンドル 144
- 新CAD製図 75
- 垂線 17
- スイッチ 226
- 少ないコマンド数で作図 37
- 図形全体の選択方法 34
- スライド駒 .... 69、134
- スライド駒のカバー 139
- 寸法記入 115
- 寸法スタイル 45
- 寸法を記入 46
- 接線 17
- 線種 23
- 線種尺度 195
- 線の色 22

【タ行】

- 端点 17
- 中心 17
- 中点 17
- 直交モード 20
- ツールバー 10
- 定常オブジェクトスナップ 17
- 電池ケース 204
- 頭部 88
- 取り付け板 131

【ナ・ハ行】

- ねじ 123
- バイス 119
- 配列複写 85
- 歯車機構 187
- 歯車の計算式 192
- 歯車ボックス 178
- ピッチ寸法 131
- ピッチ専用の複合アイコン 120
- 複合アイコン .... 10、39
- 複合アイコンの一覧 49
- ブロック定義 43
- ブロックの挿入 43
- 分解 .... 48、130
- 方向指示クランク棒 223

【マ行】

- マルチラインスタイル管理 62
- モーター 162
- モジュール 191

【ヤ・ラ・ワ行】

- よく使うコマンド 15
- ローレット加工 154
- ロボット 82
- ワッシャー 216

● 著者プロフィール
内山 浩（うちやま ひろし）
1975年東海大学卒業。株式会社日立製作所に11年勤務後、大学・工業高校・専門学校で教育に携わる（AutoCAD教育歴21年）。現在、CAD講師。
● 著書
よくわかる2次元&3次元CADシステム AutoCAD入門（日刊工業新聞社刊）

● カバーデザイン
和田奈加子
● 本文デザイン・DTP
技術評論社 製作業務部

仕事の効率が劇的にアップする
AutoCAD/AutoCAD LT
機械製図実践講座

2019年 4月25日　初版　第1刷発行

著　者　　内山 浩
発行者　　片岡 巖
発行所　　株式会社技術評論社
　　　　　東京都新宿区市谷左内町21-13
　　　　　電話　03-3513-6150　販売促進部
　　　　　　　　03-3513-6166　書籍編集部
印刷／製本　図書印刷株式会社

定価はカバーに表示してあります。

本書の一部あるいは全部を著作権法の定める範囲を超え、無断で複写、複製、転載あるいはファイルを落とすことを禁じます。

© 2019　内山 浩

造本には細心の注意を払っておりますが、万一、乱丁（ページの乱れ）や落丁（ページの抜け）がございましたら、小社販売促進部までお送りください。送料小社負担にてお取り替えいたします。

ISBN 978-4-297-10486-3 C3055
Printed in Japan

■お問い合わせについて
　本書に関するご質問については、本書に記載されている内容に関するもののみとさせていただきます。本書の内容と関係のないご質問につきましては、一切お答えできませんので、あらかじめご了承ください。また、電話でのご質問は受け付けておりませんので、FAXか書面にて下記までお送りください。

＜問い合わせ先＞
〒162-0846
　東京都新宿区市谷左内町21-13
　株式会社技術評論社　書籍編集部
　「仕事の効率が劇的にアップする
　AutoCAD/AutoCAD LT
　機械製図実践講座」係
　FAX：03-3513-6183

　なお、ご質問の際には、書名と該当ページ、返信先を明記してくださいますよう、お願いいたします。

　お送りいただいたご質問には、できる限り迅速にお答えできるよう努力いたしておりますが、場合によってはお答えするまでに時間がかかることがあります。また、回答の期日をご指定なさっても、ご希望にお応えできるとは限りません。あらかじめご了承くださいますよう、お願いいたします。